Streuner im Herzen

Gerd Schuster
mit Jasmin Göhmann

Streuner im Herzen

Von Hunden, Menschen und der Sehnsucht nach Freiheit

Patmos Verlag

VERLAGSGRUPPE PATMOS

PATMOS
ESCHBACH
GRÜNEWALD
THORBECKE
SCHWABEN
VER SACRUM

Die Verlagsgruppe
mit Sinn für das Leben

MIX
Papier | Fördert gute Waldnutzung
FSC® C084698

Die Verlagsgruppe Patmos ist sich ihrer Verantwortung gegenüber unserer Umwelt bewusst. Wir folgen dem Prinzip der Nachhaltigkeit und streben den Einklang von wirtschaftlicher Entwicklung, sozialer Sicherheit und Erhaltung unserer natürlichen Lebensgrundlagen an. Näheres zur Nachhaltigkeitsstrategie der Verlagsgruppe Patmos auf unserer Website www.verlagsgruppe-patmos.de/nachhaltig-gut-leben
Übereinstimmend mit der EU-Verordnung zur allgemeinen Produktsicherheit (GPSR) stellen wir sicher, dass unsere Produkte die Sicherheitsstandards erfüllen. Näheres dazu auf unserer Website www.verlagsgruppe-patmos.de/produktsicherheit. Bei Fragen zur Produktsicherheit wenden Sie sich bitte an produktsicherheit@verlagsgruppe-patmos.de

Bibliografische Information der Deutschen Nationalbibliothek
Die Deutsche Nationalbibliothek verzeichnet diese Publikation in der Deutschen Nationalbibliografie; detaillierte bibliografische Daten sind im Internet über http://dnb.d-nb.de abrufbar.

2. Auflage 2025

Verlagsgruppe Patmos in der Schwabenverlag AG,
Senefelderstr.12, 73760 Ostfildern
www.patmos.de

Umschlaggestaltung: Finken & Bumiller, Stuttgart
Umschlagabbildung: © Beer Alexander Photographie
Gestaltung, Satz und Repro: Schwabenverlag AG, Ostfildern
Druck: PNB Print Ltd, Silakrogs
Hergestellt in Lettland
ISBN 978-3-8436-1539-6 (Print)
ISBN 978-3-8436-1634-8 (eBook)

INHALT

Vorwort

»Das Schlimmste, was einem passieren kann, ist nicht, wie häufig geglaubt, die Gefangenschaft. Sondern die totale Kontrolle über die Entfaltung der Persönlichkeit. Diese nicht gesehene Bedrängnis erzeugt eine große Not.«

Gerd Schuster

Vor einigen Jahren schon telefonierte ich mit Dorit Feddersen-Petersen, der bekannten Hundeforscherin und Verhaltenswissenschaftlerin, über die Idee, ein Buch zu schreiben. Sie sprach mir Mut zu und wollte sogar ein Vorwort dazu verfassen. Leider ist sie 2023 verstorben und nun schreibe ich mein Vorwort selbst. Ich hoffe und glaube, ihr hätte das Buch gefallen, denn als ich ihr beim Mittagessen von meinem Leben erzählte, musste sie herzhaft lachen und fand vieles erstaunlich. Sie schenkte mir mit einem Augenzwinkern sogar den Rest ihres Mittagessens.

In ihrem Buch *Hundepsychologie* schreibt sie: »Nicht selten reagieren Hunde, die man in einen Zwinger sperrt und allein lässt oder solche, die plötzlich von ihrer Familie getrennt werden, mit körperlichen Erkrankungen, beispielsweise mit Magengeschwüren. Letztlich ist es sicher allein richtig, nur vom lebenden Tier oder Menschen insgesamt zu reden, ›Seele‹ lässt sich nicht definieren und nicht vom Körper trennen …«

Dass Hunde so etwas wie eine Seele haben, ist für mich selbstverständlich. Denn ich gehöre zu den gefühlt seltener werdenden Menschen, die an Gott glauben. Mit Sicherheit hat dies mein Leben stark beeinflusst und mir dabei geholfen, manche Dinge mit anderen Augen zu sehen. Über Gott hätte

Dorit wahrscheinlich viel mit mir diskutiert, aber in unserer Einstellung zu Hunden waren wir völlig konform.

Ein paar Worte zu mir: Mein Name ist Gerd Schuster. Ich bin kein Wissenschaftler oder ein mit Titeln ausgezeichneter Mensch, sondern nur ein Hundetrainer mit einer ungewöhnlichen und vermutlich für manche abenteuerlichen Vergangenheit. Meine Startbedingungen waren nicht optimal. Mein Leben begann in einem Scherbenhaufen und meine Lebensaufgabe besteht augenscheinlich nach wie vor darin, die Scherben zusammenzukleben, keine weiteren Scherben zu produzieren oder nicht versehentlich in Scherben zu treten und verletzt zu werden.

Seit 2015 bin ich mehr gereist als sonst und habe mich dem Leben der Straßenhunde zugewandt. Vielleicht, weil mich vieles an ihnen an mein eigenes Leben erinnert. Diese Hunde berühren mein Herz zutiefst und ihre bemerkenswerte Anpassungsfähigkeit bewundere ich sehr. Was diese Tiere wirklich brauchen, wird von Außenstehenden oft missverstanden oder nicht erkannt. Insofern möchte ich mit diesem Buch auch ein wenig Informationsarbeit betreiben. Denn nach wie vor kommen sehr viele Hunde unfreiwillig aus dem Ausland zu uns, deren Verhaltensweisen unbedingt verstanden werden sollten.

Im Vordergrund steht jedoch meine Lebensgeschichte, die vom Straucheln, ungünstigem Stranden und dann doch einer zweiten Chance und Liebe handelt. Die Liebe zu jemandem, einem Menschen, einem Tier, einem Thema, das die Leidenschaft in einem auflodern lässt und dabei hilft, auch tiefe Täler im Leben zu durchschreiten.

Ich für meinen Teil trage in meinem Herzen die Liebe für Streuner – und bin auch ein Stück weit selbst einer geblieben.

Dieses Buch widme ich ganz besonders meiner Adoptivmutter Gisela und ihrem Ehemann Jürgen, Carmen, Alischa und Francesco, Elija und Madlen, Moni, Michael, Andrea, Jana und Silas, Mike und Julia mit Toni und dem neuen Baby, Franzi und Familie, Rudi Kainer mit Familie sowie allen anderen meiner eigenen Familienangehörigen, insbesondere meiner Schwester Bianca und meinem Bruder Andreas sowie meinen Halbbrüdern Stefan und Danny, und engen Freunden wie Dominik, Anja und Manuel, Deniz, Jan, »das Löwenmännchen« (ich könnte noch unzählig viele nennen), dem Team vom Hundezentrum, Daniel Gußmann und Andrea Welcker, und all den Menschen, die keine Hoffnung mehr in sich tragen und durch dieses Buch vielleicht Hoffnung finden.

Weiterhin widme ich dieses Buch der verstorbenen Dr. Dorit Urd Feddersen-Petersen, den liebevoll verrückten Saarländern und »Hundebutti«-Sabrina, die viel zu früh ihrer Familie entrissen wurde.

Außerdem danke ich Jasmin, die nun weiß, wie es ist, gemeinsam mit einem ›Straßenmenschen‹ ein Buch zu schreiben – vor allem für ihre Geduld, mich auch ›ohne Leine‹ laufen zu lassen, und für das Vertrauen, dass ich mich von selbst wieder an die Arbeit mache.

Nicht unerwähnt bleiben soll Heike Hermann, die bis zuletzt mit großer Geduld alles in Form brachte.

Teil I.
Die Geburt eines Punks

Kindheit und Welpenzeit

»Du kannst dir nicht aussuchen, wer dich nimmt.«

Ich habe da so eine These: Jede zweite oder dritte Familie ist im Grunde ein Scherbenhaufen. Man hat als Kind keine Mutter oder keinen Vater mehr, es gibt Streit oder Gewalt hinter verschlossenen Türen – aber die Fassade sieht natürlich anders aus. Ein bisschen wie ein Haus mit perfektem Vorgarten, bei dem im Inneren dann das Chaos herrscht. In so einen Scherbenhaufen wurde ich hineingeboren. Damit bin ich natürlich noch lange nichts Besonderes, denn das geht vielen Kindern so.

Das geschah jedenfalls am 6. Juni 1973 in Nürnberg. Mit gerade einmal 16 Jahren hatte meine Mutter meine Schwester zur Welt gebracht. Etwa zwei Jahre später folgte mein Bruder und kurze Zeit später ich. Da war sie dann 19 Jahre alt. Wir hatten alle denselben Vater. Als drittes und jüngstes Kind von noch sehr jungen Eltern wurde ich schon im Alter von gerade einmal sechs Monaten durch das Jugendamt zusammen mit meinen beiden Geschwistern Bianca und Andreas erstmals in ein Säuglingsheim verbracht. Kurz ging es dann zunächst wieder zurück zu meinen Eltern, wo wir tagsüber in der Tageskrippe untergebracht waren. Aber scheinbar besserten sich die Verhältnisse bei meinen Eltern nicht.

Es gab ein einschlägiges Erlebnis aus dieser Zeit, an das ich mich noch gut erinnern kann, obwohl ich noch sehr klein gewesen sein muss. Meine Mutter badete mich in einer Babywanne aus Plastik, als plötzlich mit lautem Geschrei untermalt die Scheibe der Tür zerbrach. Im Türrahmen tauchte mein Vater auf, der in seiner Hand einen geschlossenen Regenschirm hielt. Ich hatte Angst, da ich die Worte nicht verstehen, sondern nur die Stimmung wahrnehmen konnte. Sonst weiß ich nichts mehr von diesem Tag.

Dass mein Elternhaus instabil war, hat sicher mit der Geschichte der Familie selbst zu tun, aber auch mit der Zeit damals. Viele Jahre später, als ich schon lange nicht mehr im Heim war und vermeintlich erwachsen, fragte ich beim Jugendamt direkt nach und erfuhr, dass mein Vater alkoholkrank war. Beide Elternteile, also mein Vater und meine Mutter, konnten die Gesamtsituation mit Kindern wohl nicht bewältigen und waren überfordert, weshalb das Jugendamt einschritt.

Mit drei Jahren wurde ich zusammen mit meinen Geschwistern den Eltern abgenommen und wir kamen erneut ins Heim. Grund: Verwahrlosung. Obwohl es lange zurückliegt, war dieser Lebensabschnitt prägend und ist irgendwo noch da im Gedächtnis. Erst spät im Erwachsenenalter habe ich die Berichte aus dem Kinderheim ausgehändigt bekommen. Ich bin froh, dass es erst dann passiert ist. Denn das zu lesen, geht an die Substanz. In den folgenden Textpassagen aus Schreiben und Berichten, die ich vom Jugendheim Stapf ausgehändigt bekommen habe, ist alles nachzulesen. Zunächst klang alles noch harmlos:

»Gerd ist ein altersentsprechend gut entwickelter Junge, agil, bei gutem Appetit, isst und trinkt fast selbstständig. Seit der Unterbringung im Heim ist es gelungen, ihn tagsüber sauber zu halten.«

Das war 1976. Es wundert mich oft, wenn ich sehe, wie ungeduldig Menschen sind, wenn Kinder nicht sauber werden. Da gibt es teils richtige Wettläufe unter den Müttern und Vätern, die auf Kindertagesstätten übertragen werden, es gibt regelrechte Trainingsratgeber und vieles mehr.

Ich habe ja auch eine Hundeschule, war lange Jahre als Trainer tätig und kann sagen: Bei Hunden findet man diesen Trend ebenso vor. Da hört man Fragen, die unter den Hundehaltern schnell zu Vorwürfen werden können: »Wann war Ihr Hund denn sauber? Was, der ist noch nicht sauber? Der ist doch schon fast ein halbes Jahr alt …« So und ähnlich lauten diese Gespräche.
Viel eher müsste man doch in die Tiefe gehen und sich Fragen stellen wie: Was hat denn der Hund erlebt? Wo kommt der her? Wann wurde er abgeholt, wie wurde er von seiner Mutter oder den Geschwistern getrennt? Wie lange durfte er in seiner Hundefamilie leben? Wie war er denn da? Was für eine Rasse ist der Hund? Das sind alles entscheidende Fragen, die eigentlich lösungsweisend sind.

Die Auszüge aus dem Heim lauteten weiter:

»Bianca, Andreas und Gerd zeigen im körperlichen und seelischen Bereich Auffälligkeiten, die nur auf eine unzureichende Versorgung, falsche Erziehung und wenig mütterliche Liebe zurückzuführen sind – Bianca als stark nervös, motorisch unruhig und erheblich retardierter Allgemeinzustand; nachts Angstträume und schreit auf.«

Auch für meinen Bruder Andreas wurde dasselbe Bild beschrieben mit dem Zusatz:

»Noch nicht sauber.«

Bei mir stand:

»Starker retardierter Allgemeinzustand. (…) Bei Gerd H. handelt es sich um einen Minderjährigen, der nach Sachlage in seiner leiblichen, geistigen und seelischen Entwicklung gefährdet ist und der zur Abwendung dieser Gefahr der freiwilligen Erziehungshilfe dringend bedarf.«

Damals war die Inanspruchnahme der Jugendfürsorge noch freiwillig, ein Entgegenkommen des Jugendamtes. 1977 hieß es dann in einem weiteren Bericht über mich:

»Kräftiger, robuster Junge in sehr gutem allgemeinem Ernährungszustand; vom Temperament ist der Junge behäbig, zur Trägheit neigend. Er beteiligt sich nett an gemeinschaftlichen Spielen, kann sich aber auch gut und ausdauernd allein unterhalten. Bei der Auswahl der Beschäftigungen ist Gerd fast anspruchslos. Gerd ist von der familiären Situation am geringsten beeindruckt.«

So wurde es zumindest gewertet. Heute weiß ich, dass es wohl ein beginnender Rückzug in ein Schneckenhaus war.

»Im Berichtzeitraum hat der Vater Gerd und Andreas zweimal besucht. Die Mutter hat in derselben Zeit die Kinder zweimal für einige Stunden zur Großmutter mitgenommen. Bisher brachte sie die Buben pünktlich und in gutem Zustand wieder. [...] Die Elternteile zeigen jedoch mehr Interesse an der Tochter Bianca.«

Beim zweiten Heimaufenthalt bekam ich schon viel mehr mit und lernte das Verhalten von anderen Kindern in der Gruppe kennen. Emotionen wie Eifersucht, Sympathie, Kummer und Freude gehörten ebenso zum Heimleben wie Gewalt oder die Suche nach fehlender Zuwendung und Liebe. Weiter lernte man hier sehr schnell pragmatisches Denken und situatives Handeln, und das ohne das Zutun von Erwachsenen. Wir waren viel früher auf uns allein gestellt, zum Beispiel entwickelten wir Strategien, keine Prügel zu bekommen oder unser Spielzeug zu behalten. Diese frühkindlichen Lernerfahrungen würden mir im späteren Leben häufig helfen, allerdings manchmal auch hinderlich sein.

Insgesamt war ich in vier Kinderheimen, von denen zwei später mit Kindesmisshandlungen in Verbindung gebracht wurden. Selbst gequält worden zu sein, kann ich nicht sagen. Es gab halt gute und schlechte Erfahrungen. Ich wurde zum Beispiel mal zu heiß gebadet – klingt ironisch, oder? Wenn zu mir jemand sagt: »Du wurdest doch mal zu heiß gebadet!«, so kann ich das wahrheitsgetreu mit »Ja!« beantworten.

Wenn ich mal nichts essen wollte, wurde das nicht toleriert und ich zur Strafe in eine Dunkelkammer gesperrt. Das waren wohl damals normale Erziehungsmaßnahmen. Als kleiner Steppke kam bereits mein starker Eigenwille hervor, denn anstatt dann aufzuessen, habe ich es einfach in der Kammer irgendwo hinter Gegenstände gekippt und gesagt, ich bin fertig. Da gehört schon viel Mut dazu, denn damals im Heim gab's auch einen Teppichklopfer. Damit wurde man halt für so was gezüchtigt.

Ein weiterer Satz aus den alten Berichten in Bezug auf den Kontakt zur Familie besagte:

»Verwandte halten sich sehr zurück, ebenso die Nachbarn.«

Es ist für Außenstehende wohl kaum nachvollziehbar, wie sich ein Kind fühlt, das plötzlich von den Eltern getrennt in einem völlig anderen Umfeld leben muss. Egal wie es zuvor war. Den Part der Eltern nahmen auf einmal katholische Nonnen ein. Männer gab es keine mehr, somit auch keinen Vaterersatz, der mit Sicherheit sehr wichtig für mich gewesen wäre. Meines Erachtens wird auch heute noch die Bedeutung des Vaters unterschätzt.

Im Kinderheim gab es eine Nonne, zu der ich besonderes Vertrauen hatte. Ihr Name war Schwester Maria. Sie hatte immer ein offenes Ohr für meine kindlich naiven Fragen. Sie war es auch, die mir den Wellensittich Nicki zeigte, der an der Pforte in einem Käfig vor sich hin zwitscherte. Nicki besuchte ich sehr oft und beobachtete den kleinen Kerl genau. Er war ein weißer Wellensittich – im Gegensatz zu den grünen und blauen Sittichen für mich eine wunderschöne Besonderheit.

Ich liebe und liebte auch damals schon Tiere, also hatte ich zu Weihnachten in diesem Heim meinen ersten Hund geschenkt bekommen. Zwar war er aus Stoff, aber er war großartig und wurde mein erster richtiger Freund auf dieser Welt. Ich suchte zusammen mit Schwester Maria einen Namen und wir einigten uns auf Pluto, wie der Hund von Micky Maus. Ich hing so sehr an Pluto, dass ich sogar Albträume hatte, die mit dem Verlust dieses Stoffhundes zu tun hatten. So erinnere ich mich an einen Traum, in dem mir Pluto von einer Brücke aus ins Wasser gefallen war und in der Flut verschwunden ist. Ich schrie ihm nach, doch er war verloren. Leider habe ich diesen Hund Jahre später tatsächlich verloren. Es mag komisch klingen, aber mich schmerzt dieser Verlust heute noch, auch wenn es nur ein Plüschtier war. Ja, sensibel war ich schon immer. Raue Schale – weicher Kern. Das Leben kann formen. Ach, Pluto …

Als Kind habe ich mich an einen Stoffhund geklammert, er war meine Familie, meine Wärme – ein kaltes Stück Stoff wurde in meinen Gedanken sehr warm. Bei Vögeln würde dieses Verhalten wahrscheinlich als Fehlprägung durchgehen. Unweigerlich muss ich an die Experimente des Primatenforschers Harry E. Harlow denken, der in den 1950er Jahren Stoffmütter für Affenbabys erschuf, um zu beweisen, dass Kinder etwas Warmes, Weiches und Kuscheliges brauchten und es sogar der Versorgung mit Nahrung vorziehen. Er wollte damit Verbesserungen in der Kinderpsychologie erreichen, jedoch waren die Experimente für die Primatenkinder teils grausam …

Wochen und Monate im Heim gingen ins Land und ich veränderte mich. Körperlich und geistig. Mein Verhalten änderte sich mit. Wurde ich kurz zuvor in Berichten noch als normal entwickeltes und lebhaftes Kind beschrieben, so klang es ab etwa dem Alter von viereinhalb schon anders:

»Der Schlaf ist unruhig. In der Gruppe fällt er als eigensinniges Kind, mitunter störend auf. Gern läßt er sich vom älteren Bruder bedienen.« (Dezember 1977)

»Gerd ist in der gleichen Heimgruppe wie sein Bruder Andreas. Er ist ein sehr lebhaftes Kind. Mehr noch als sein Bruder ist er anfällig für Erkältungen. Er wurde geröntgt, es ist jedoch alles in Ordnung. Er ist ein schlechter Esser und hat am liebsten auch nur Brot und Kuchen.« (Juli 1978)

Aha, bemerkenswert. Ich wurde anscheinend öfter krank und suchte offenbar eine Art Ausgleich für die fehlende Mutterliebe und wenig beachteten Grundbedürfnisse. Heute weiß man wohl, wie eng die Gesundheit von Psyche und Körper zusammenhängt und gerade über Essen häufig versucht wird, eine Leere zu füllen.

»Im Kindergarten gibt es Schwierigkeiten, weil er einfach nicht hören kann und leicht aggressiv wird.«

Vorher hatte ich mich doch scheinbar gut eingelebt. Und plötzlich war von Aggression die Rede?

»Sein Sprechen wird wieder schlechter. Er benimmt sich manchmal wie ein großes Baby. Ursachen seines Verhaltens sind noch nicht klar. In der Heimgruppe ist er angekommen und hängt sehr an seinem Bruder und seiner Schwester.«

Sicher, ich hatte ja auch nichts anderes. Denn unsere Eltern waren nicht gerade engagiert, was uns anging, um es mal vorsichtig zu formulieren.

»Der Kontakt zu seinen Eltern ist gering. Er wurde zuletzt an Weihnachten und im Juni für Stunden zusammen mit seinem Bruder von der Mutter abgeholt.«

In einem Bericht vom Februar 1979 lässt sich meine Veränderung auch noch einmal sehr gut herauslesen:

»Gerd ist jetzt 112 cm groß und hat ein Gewicht von 17,5 kg. Er macht einen zarten Eindruck und ist für Erkältungskrankheiten, wie schon im letzten Bericht erwähnt, sehr anfällig. Die Eß-Situation hat sich im Berichtszeitraum nicht gebessert. Es ist beabsichtigt, ihn deshalb der Psychologin vorzustellen. Der Schlaf ist noch immer sehr unruhig.

Am 13. Sept. 1978 erlitt der Junge eine Gesichtsverletzung. Beim Spielen im Raum stieß er mit dem Gesicht gegen den Metallrahmen des geöffneten Fensters und zog sich dabei eine Rißwunde an der li. Gesichtshälfte zu. Er verbrachte einige Tage in der Unfallklinik Dr. Erler.

Gerd besucht den Kindergarten. Sein Verhalten ist weiterhin störend.

In der Heimfamiliengruppe verhält sich das Kind freundlich und liebesbedürftig, sucht sich immer irgendwem anzuschließen, kann sich aber kaum selbst beschäftigen. Er läuft nur herum und stört oft. Er hängt sehr an seinen Geschwistern.

Die Eltern nehmen sich wenig Zeit für die Kinder. Vom Vater wurde Gerd am Neujahrstag abgeholt. Es war nach einem Jahr das erste Mal wieder. Gerdi spricht viel vom Vater und wartet vom einen Wochenende zum anderen auf ihn.«

Übrigens: Ruhelosigkeit lässt sich bei schwierigen Hunden, die in ihrer Lebensgeschichte kein stabiles Umfeld hatten, auch beobachten.

Wie war also das Heimleben für mich? Von Wohngruppen war die Rede, was ja recht heimisch anmutet. Es gibt Struktur, geregeltes Essen, Schlafenszeiten, alles erinnerte an ein Zuhause und vielleicht empfindet jemand, der dort arbeitet, es auch so. Aber ich fühlte mich allein. Wenn ich die Berichte von damals lese, dann war es für mich nichts anderes als eine Unterbringung, die meiner inneren Gefangenschaft nicht unbedingt guttat. Und wenn ich eines der wenigen Kinderbilder aus dieser Zeit sehe, das mich als kleinen Knopf zeigt, dann empfinde ich Mitleid. Ich glaube, niemand hat zu dieser Zeit richtig auf das verlorene Kind und seine Bedürfnisse geschaut. Darauf, was ich eigentlich brauchte.

Eine Hündin wirft ja meist mehrere Welpen, das kann zwischen zwei, sogar zehn und mehr Welpen variieren. Selten ist es nur einer. Die Kleinen brauchen sich und suchen schnell Nähe zueinander, um somit die nötige Körperwärme für den eigenen Wärmeerhalt zu sichern. Natürlich bietet die Hündin selbst ebenso viel Wärme, aber nur die ersten Tage ist sie ständig präsent, später wird sie mit der Nahrungssuche beschäftigt sein. Doch Wurfgeschwister müssen sich auch selbst haben dürfen. Immer wieder kann man beobachten, wie sie den Saugreflex untereinander auslösen. Sie nu-

ckeln aneinander rum, während sie dabei gurren und quieken. Wenn Welpen durch ihre Menschen mit Rotlichtlampen bestrahlt werden, ist gut zu beobachten, dass sich die Welpen nicht mehr zu Fellknäueln bündeln, sondern allein herumliegen. Zu viel künstliche Wärme stört wohl die natürliche Suche nach körperlicher und sozialer Nähe. Vielleicht greift der Mensch bereits hier unwissend und nicht folgenlos in einen wichtigen Prozess ein?
Hunde, die auf der Straße geboren werden, haben keine Wärmelampen und nicht selten werden sie im frühen Jahresanfang oder sogar im Spätsommer, Herbst und im Winter geboren. Hunde sind keine Wölfe mehr, also keine Wildtiere, somit werden die Muttertiere nicht selten zweimal im Jahr läufig. Die Kleinen wären der Kälte ausgeliefert, wenn die Mutter kein nässe-, zugluft- und kältegeschütztes Wurflager suchen oder bereiten würde. Wenn eine Hündin kein gutes Wurflager findet oder es entsprechend umbaut, dann wird sich dieses fahrlässige Verhalten auch nicht weitervererben, so hart das auch klingen mag. Es überleben die vorsichtigen und klugen Tiere, denn Fehler können tödlich sein – und ein totes Tier vererbt nichts mehr.
Beim Kontaktliegen strahlt die Mutter so viel Wärme aus wie eine lebendige Heizung. Ansonsten wärmen sich die Welpen untereinander und manchmal kümmern sich sogar verwandte Tiere. So einmal der Bruder einer Mutterhündin, während sie selbst auf Nahrungssuche war, das konnte ich beobachten. Ohne den helfenden Menschen erlernen diese Hunde bereits in frühester Kinderstube, wie wichtig soziale Nähe sein kann. Sie gibt Sicherheit, schenkt Wärme und stellt sich gegen die Einsamkeit.
Ich habe immer wieder Menschen kennengelernt, die sich einen Welpen angeschafft haben, der gerade einmal sechs Wochen alt oder sogar jünger war. Dies ist nicht nur tierschutzrelevant, sondern im hohen Maße unverantwortlich für das Lebewesen Hund. Ich weiß nicht, ob Mensch sich nur annähernd vorstellen kann, welche Konsequenz so ein Tun für das Tier haben kann? Ein Hun-

Kontaktliegen ist auch für Straßenhunde wichtig

dehalter muss eigentlich kein Wissenschaftler sein, sondern einfach nur vernünftig, um die Spätfolgen abzuwägen.
Welpen, die zu früh von der Mutter getrennt werden, können sehr bis krankhaft abhängig werden. Und zwar so sehr, dass es für den Hundehalter zur Last werden kann. Ein zu frühes Trennen vom Muttertier kann bei Hunden zu Verhaltensstörungen und anderen Folgeproblemen führen. Die Tiere neigen zu Unsicherheiten, impulsivem Verhalten und manchmal auch Angriffslust. Natürlich kommt es immer auf die Genetik, somit auch auf die Rasse oder den Schlag des jeweiligen Hundes an. Und es gibt auch den Notfall, wo ein Muttertier verstirbt und somit die Fürsorge durch den Menschen für die Welpen unerlässlich ist oder eine Ammenhündin gebraucht wird. Aber auch in diesem Fall sollten Geschwister vorhanden sein, deren Nähe sehr wertvoll ist. Die Tiere sollten nicht ohne erklärbaren, eventuell medizinischen Grund getrennt werden.
Es gibt selbst in der Wissenschaft unterschiedliche Aussagen, wann ein Welpe am besten an einen neuen Besitzer abgegeben werden sollte. Wie regelt es die Natur? In Bulgarien durfte ich eine

Mutter mit ihren bereits etwa sechs Monate alten Jungtieren beobachten. Die Trennung kam erst durch den Tierschutz, was nicht klug war, andernfalls wären Mutter und Nachwuchs noch länger zusammengeblieben. Teilweise bleiben die Tiere bis zu einem halben Jahr und darüber hinaus zusammen.
Übrigens: Nicht selten laufen einzelne Geschwisterpärchen miteinander herum und verbringen noch viel Zeit zusammen, wenn sich die Mutter aufgrund neuer Welpen weniger kümmern kann – und wenn sich der Mensch nicht einmischt.
Ich habe mal eine sehr fürsorgliche Mutterhündin beobachtet, die zwar neue Welpen hatte, sich aber während der Säuge-Pausen immer wieder um ihren ersten Nachwuchs kümmerte und dessen Nähe suchte. Sie leckte ihren Sprösslingen das Fell oder knabberte an in der Haut steckenden Zecken. Das konnte ich sogar filmen.
Bei einem Versuch, Hunde für eine Kastration zu fangen, flüchtete eines der Jungtiere und wurde nur fünf Monate später selbst trächtig. Die andere Hälfte des Wurfes hat die Kastration und die anschließende Ansteckung mit irgendeinem Parasiten oder Erreger im Tierheim nicht überlebt.

Diese Welpen mussten einige Tage ohne ihre Mutter klarkommen. Zum Glück kam sie kastriert wieder und überlebte das Prozedere ohne Infektion. Das kann auch anders ausgehen.

Ich fragte einmal in einem bulgarischen Tierheim nach, wie es generell mit den Chancen von Welpen aussehe. Das Tierheim wird sauber geführt und eine deutsche Tierschutzorganisation hält ihre Hand darüber. Die Aussage von einer dort arbeitenden Person, das war 2015, machte mich stutzig: Trotzdem würden geschätzt 90 Prozent der geretteten Welpen versterben – im Tierheim! Was für eine hohe Zahl. Auf der Straße belassene Welpen hätten demnach eine höhere Überlebenschance. Wie alt diese Tiere tatsächlich werden, hängt später von vielen Faktoren ab. Dennoch habe ich viele sehr alte Straßenhunde antreffen können, im Gegensatz zu der vorherrschenden Meinung, Straßenhunde würden nicht alt werden.

Muttermilch von Hunden wie auch die vom Menschen enthält verschiedene wichtige Antikörper, die der Welpe bei der Aufnahme der ersten Milch (Kolostrum) zu sich nimmt. Es findet im Prinzip eine natürliche Impfung gegen verschiedene Krankheitserreger statt – und zwar in den ersten Lebensstunden der Welpen. Diese schützt etwa bis zur zwölften Woche, da die Welpen in dieser Zeit so gut wie keine eigene Immunabwehr besitzen. Also bereits vor der ersten medizinischen Impfung sind die Kleinen gegen diverse Keime und Erreger gewappnet.

Wenn Kinder auf dem Bauernhof groß werden können, dann sind diese Kinder sehr wahrscheinlich später weniger mit Allergien behaftet und haben ein gut trainiertes Immunsystem. Ich stelle die Vermutung auf, dass Welpen, auf der Straße geboren, später ebenfalls ein besseres Immunsystem haben sollten als ihre vermeintlich gut und in Menschenobhut herangewachsenen, abgeschirmten Kollegen. Entstehende Allergien und Unverträglichkeiten bei ehemaligen Straßenhunden schreibe ich dem nicht zu unterschätzenden Stress zu, der in einer neuen Umgebung oder durch die Hundehalter entstehen kann.

Dem Nest entrissen

»Gerd ist fertig mit der Welt der Erwachsenen, genaugenommen der Welt von Vater und Mutter.«

Getrennt von meinen Eltern klammerte ich mich also extrem an meinen Bruder Andreas. Uns beide verband eine sehr innige geschwisterliche Beziehung. Wo er war, wollte ich auch sein, und es ist mir bis heute unverständlich, warum wir kein gemeinsames Zimmer hatten. Das wurde uns verwehrt. Zumindest waren wir in der gleichen Wohngruppe untergebracht und oft kam es vor, dass ich nachts heimlich zu ihm ins Bett huschte, mich an ihn kuschelte und mir so die fehlende Herzenswärme holte. Er war jetzt meine Mutter, Vater und Familie – wir brauchten einander, wie sich auch die Junghunde brauchen. Wir waren Kleinkinder.

Einmal war Andreas mit einer Mandelentzündung im Krankenhaus. Während dieser Zeit vermisste ich ihn sehr und war überglücklich, als er wieder bei mir im Heim war. Mit Sicherheit kann sich jeder vorstellen, wie sehr uns eine Trennung zugesetzt hat. Heutzutage ist es nicht so einfach, Geschwister einfach so zu trennen – eigentlich logisch, denn eine Trennung von sich zugewandten Menschen bedeutet eine große Leere im Leben der Einzelnen. Dies ist im § 36 Sozialgesetzbuch VIII geregelt, damals war dies problemlos möglich.

Mein Bruder und ich hatten lange keine Pflegeeltern, das wollten unsere leiblichen Eltern zunächst nicht. Besonders unser Vater scheint sich dagegen gewehrt zu haben. Unsere Mutter berichtete über 40 Jahren später, sie habe wie eine Löwin für uns gekämpft. Was genau sie meinte, war mir nicht klar. Vielleicht war es ja so. In ihrer Welt. Sie war jung, stand auch vor einem Scherbenhaufen mit drei kleinen Kindern. Deshalb werde ich sie auch nie verurteilen.

Es hat also eine ganze Zeit gedauert, bis wir zur Adoption freigegeben wurden, aber auch dann schien sich erst mal niemand für uns zu interessieren. Eines Tages wurden Andreas und ich jedoch von zwei jungen Pärchen im Kinderheim besucht. Wie ich später herausgefunden habe, wurden wir sogar durch einen regionalen Radiosender in der ganzen Stadt »angeboten«. »Zwei Kinder suchen ein Zuhause« – so oder so ähnlich wird es wohl gewesen sein. Unsere leiblichen Eltern hatten einer Vermittlung zugestimmt.

Fast so, als ob man ins Tierheim geht und sich einen Hund aussucht. »Tiere suchen ein Zuhause.«

Die Pärchen beobachteten uns, während sie mit einer unserer Kinderpflegerinnen redeten. Da mein Bruder und ich nicht genau wussten, warum dieser Besuch da war, zeigten wir uns in spielerischer Laune und turnten vor den Erwachsenen herum. Im Badezimmer, das mit vielen kleinen Waschbecken für Kinder eingerichtet war, kletterten wir wie Äffchen an den Abflussrohren hoch. Wir waren einfach wahnsinnig aufgeregt und standen endlich einmal im Mittelpunkt. Hätten wir gewusst, dass dieser Besuch eine lebenslängliche Trennung für uns beiden bedeutete, wären wir sicher nicht so fröhlich gewesen.

Nachdem sich die beiden Pärchen jeweils ein Kind für sich ausgesucht hatten, nahte der Tag des Abschieds. Ich bekam regelmäßig Besuch von der Frau, die sich als Gisela vorstellte und die ich bei der Besichtigung schon kennengelernt hatte. Sie machte Ausflüge mit mir. Sie und ihr Ehemann nahmen mich auch mal mit auf ein Volksfest. Dort bekam ich einen kleinen Gummidrachen geschenkt, der, wieder zurück im

Heim angekommen, noch am selben Tag kaputt gemacht wurde. Beim kläglichen Versuch, den Gummidrachen vor dem Diebstahl durch die anderen Kinder zu retten, riss der Schwanz ab, und so war der Drache, kaum in meinem Besitz, auch schon wieder dahin. So blieb Stoffhund Pluto lange Zeit mein einziges Spielzeug.

Bei diesen regelmäßigen Besuchen drängte sich ein kleines, schielendes Mädchen mit Hornbrille aus dem Heim immer wieder zwischen Gisela und mich. Da stieg in mir erstmalig ein Gefühl von Eifersucht hoch. Ich wollte das Mädchen sogar schlagen. Tatsächlich wurde ich richtig zornig, konnte mich aber bremsen und habe ihr nichts getan. Warum das so war, lässt sich bestimmt damit erklären, dass ich mich seit Jahren mit den verschiedensten Kindern arrangieren und mit ihnen zusammenleben musste und von daher stets mit Rückschlägen konfrontiert wurde. Ebenfalls verständlich ist mein schnelles Klammern an diese eigentlich für mich noch fremde Frau, da ich von meinen richtigen Eltern getrennt lebte. Mir fehlte die entscheidende Normalität des Lebens: die mütterliche Nähe, Fürsorge und Liebe. Und Gisela war eben eine Frau. Also vielleicht eine Mutter? Doch egal, wie sich ein Mensch in meinem späteren Leben bemüht hat, dieses Defizit und Grundbedürfnis konnte nie wirklich ersetzt werden. Irgendwie befand ich mich die ganze Zeit auf der Suche nach Liebe, Anerkennung und Aufmerksamkeit. Kein Wunder bei meinem zerrütteten Elternhaus.

In den Unterlagen der Ämter befand sich auch ein Ersuch vom Gericht aus dem Jahr 1982 an das Kinderheim bezüglich meiner Vormundschaft. Es sollte ermittelt werden, ob ich abgegeben werden darf oder nicht. Da war ich schon bei Pflegeeltern.

»Gerd H. war in der Zeit vom 5.1.76 bis 10.9.79 bei Ihnen untergebracht. Ich bitte um Auskunft, wie während dieser Zeit die Beziehung zu seiner Mutter war. Hat die Mutter das Kind regelmäßig besucht oder sonst Kontakt gehalten?«

»In der Zeit vom 5.1.76–10.9.79, während der Gerd bei uns im Heim untergebracht war, hat ihn die Mutter 1976 besucht (genaue Zahl ist nicht mehr feststellbar), im Jahr 1977 3x und im Juni 78 für ein paar Stunden. Die Kinder bekamen zahlreiche Versprechungen, die aber von Seiten der Mutter nicht eingehalten wurden. Mit Sicherheit läßt sich sagen, daß es kein regelmäßiger Kontakt war.«

Im Mai 1979 wurde vom Psychologen ein Sceno-Test angeordnet. Der wird mit einem Koffer mit verschiedenen Spielfiguren durchgeführt, also Vaterfiguren, Mutterfiguren, Tiere … Und je nachdem, wie sich das Kind damit beschäftigt und was es spielt, wird ein Gutachten daraus erstellt. Ich bin kein Psychologe, ich kann 's nicht exakt erklären. Aber als ich das erste Mal den Bericht gelesen habe, der daraus entstand, kamen mir die Tränen. Und ich habe mir gedacht: »Was war nur mit diesem Jungen los, der ich da war?« Obwohl ich eigentlich kein Fernsehen schaue, habe ich mir den Film »Systemsprenger« angesehen. Ich fühlte mich an meine eigene Geschichte erinnert, denn es bestehen so viele Parallelen zu mir. Es ist einfach ein guter Film, da er auf den Punkt bringt, was so ein Kind eigentlich braucht.

Jedenfalls freute ich mich auf den Test, da ich im Glauben war, ich sehe dort auch echte Babys. Die liebte ich. Tue ich bis heute! Mein Traum war es immer, mal ein Waisenhaus zu eröffnen … Irgendwie wurde später dieser Traum ja auch wahr, mit dem Hundezentrum Mittelfranken. Das ist ebenfalls ein bisschen wie ein Waisenhaus für elternlose Problemfälle. Nur eben in Gestalt von Hunden.

»Gerd H. – Beobachtung und Sceno-Test.

Gerd kam mit dem Wunsch, Babys zu sehen, da sein Bruder berichtet hatte, bei mir bekäme man Babys zu sehen. Er griff auch als erstes zur Babypuppe des Sceno-Kastens. Es erwies sich aber, daß diese Schwerpunktsetzung nur vorübergehend war. Gerd legte die Babypuppe bald aus der Hand, griff nach der Prinzessin, die er als Mutter bezeichnete und sagte dann: Die Mutter geht wieder weg. Daraufhin legte er die Prinzessinnenfigur auch wieder weg. Nun griff er nach einer Jungenfigur, die er auf meine Nachfrage Bubi nannte. Er legte sie mit anderen Kinderfiguren zusammen ziemlich lieblos in die Spielscene. Er spielte eigentlich nicht mit ihnen. Dann tauchten ›Väter‹ und ›Mütter‹ in verschiedenen Gestalten auf, d.h. Erwachsenenfiguren, die jeweils als Vater und Mutter bezeichnet wurden. Sie wurden von dem Hund heftig angegriffen, sodaß sie bluteten. Der Hund gehört den Kindern, erklärte Gerd ausdrücklich. Er spielte keine aufmunternde oder aufbauende Spielhandlung durch, sondern ließ die Erwachsenen nur immer wieder angreifen, teils von dem Hund, teils von der Kuh.

Er sagt von den Erwachsenen: Alle wollen was klauen. Aber der Hund beißt alle, daß sie bluten. Der Hund gehört nur den Kindern.

An der Art wie er immer wieder von dem Blut der Erwachsenen spricht, drückt sich eine ungesunde Fantasie aus, aber auch eine trostlose und grenzenlose Enttäuschung, die mit der Welt der Mütter und Väter sozusagen fertig ist.

Dann will Gerd nicht mehr Sceno spielen und wir gehen ins Spielzimmer, wo er sich als erstes ins Babybett legt. Hier taucht also wieder das Motiv vom Anfang auf: Interesse an der Kleinstkinderzeit. Ich muß ihm helfen, seine Sandalen auszuziehen. Gerd wird jetzt zunehmend friedlicher und auch lustiger. Er möchte die kleine Seehundfigur im Wasser paddeln lassen und wir füllen gemeinsam Wasser in die Wanne. Das macht Gerd viel Spaß, er ist in seinem Verhalten jetzt viel kindlicher. Aber seine Augen haben noch immer den mißtrauischen, düsteren, unkindlichen Ausdruck.

Zusammenfassend könnte man sagen:

Gerd ist fertig mit der Welt der Erwachsenen, genaugenommen der Welt von Vater und Mutter. Er erhofft nichts mehr von ihnen, er will sie nur noch bestrafen.

Nur in der Welt der Kinder gibt es noch einen losen Zusammenhalt aber ohne wirkliche Beziehung. Der Besitz des Hundes (Ausführungsorgan der Rache) hält sie zusammen.

Gerd vermag sich nur vordergründig zu öffnen. An dem Ausdruck seiner Augen ändert sich nichts.

Einen Menschen, der nicht mehr vertrauen kann und nichts mehr erhofft, bleibt nur noch die Entschädigung durch die Sinnlichkeit, so wie wir es von Gerd wissen.

Gerds Problem ist ein Elternproblem. Man wird seinen Eltern das hart sagen müssen. Sie werden sich umstellen müssen oder die Kinder freigeben.«

Das Pärchen schien regeres Interesse an mir zu haben, denn es holte mich eines Tages wieder mit dem Auto ab, dieses Mal zum Probewohnen. Ich war beeindruckt von deren gelbem Mercedes und der Welt da draußen. Wir fuhren nicht sehr weit, vielleicht zwanzig Minuten, und meine Neugierde ließ mich diese Zeit wie im Flug erleben. Ein Hochhaus baute sich vor mir auf und genau dort stellte der Mann, der Fahrer, das Fahrzeug ab. Genauer in einer Tiefgarage. Die allein betrachtet war schon ein Abenteuer für mich!

Damals ist mir wohl noch nicht aufgefallen, wie sehr ich von der Umwelt isoliert gelebt habe. Im Kinderheim waren alle nötigen Einrichtungen vereint, so zum Beispiel der Kindergarten, die Kirche, der Sportplatz und der Spielplatz. Diese Welt hier war für mich neu, der Mercedes, die Tiefgarage und der Aufzug, der uns bis in den sechsten Stock fuhr. In dieser Höhe angekommen durfte ich auf einem Balkon, der zur Haustür führte, die große Stadt aus einer ganz neuen Perspektive sehen. Es war einfach atemberaubend schön! Der Mann war eher ruhiger, er sperrte die Tür zur Wohnung auf. Ein für mich völlig neuer Geruch strömte mir entgegen. Es mag komisch klingen, aber Gerüche spielten für mich schon immer eine große Rolle – im psychologischen Gutachten aus dem Sceno-Test schon als »Sinnlichkeit« benannt. So ist auch meine Erinnerung von unterschiedlichen Düften geprägt. Ein ganz bestimmter Geruch von kalter Kohle im Winter löst zum Beispiel eine schöne Erinnerung an Berlin aus, so wie mich der Geruch von Plastik in der Sonne an meine wunderbare Zeit im Zirkus erinnert.

Die Wohnungstür geöffnet, kam uns eine Katze entgegen. »Das ist unser Fritz«, so wurden wir bekannt gemacht. Das war für mich die Krönung des Tages. Ein Haustier und auch noch eine Katze! Diese Menschen müssen lieb sein, denn sie lieben Tiere, so war ich sicher. Eigentlich ist mein Gedankengang nachvollziehbar.

Der Mann und die Frau schauten mich nun ruhig, aber dennoch in freudiger Erwartung an. Wir standen vor einer Zimmertür aus braunem Holz. Mit den Worten: »… und das kann dein Zimmer werden«, wurde mir die Tür geöffnet. Ein eigenes Zimmer! Ich freute mich riesig und es störte mich überhaupt nicht, dass nur eine Matratze auf dem Boden lag und es sonst nicht weiter eingerichtet war. Vielleicht hätte mich das stutzig machen sollen, aber überfordert mit der Gesamtsituation, war ich einfach nur glücklich und spürte ich eine Chance, die sich für mich offenbarte. Als ein junger Mensch mit denkbar schlechten Startbedingungen und einer zerrütteten Familie glaubte ich an ein besseres Leben für mich.

Für die nächsten Tage lebte ich bei diesem Paar und lernte zum ersten Mal so etwas wie Eltern kennen. Die beiden gaben sich sichtlich Mühe. Einmal schnitt mir meine Pflegemutter die Spaghetti klein, damit ich es beim Essen leichter habe. Ihre Fürsorge wurde aus dem Bauch heraus durch mich sofort geblockt, indem ich meine Eigenständigkeit lautstark kundtat: »Meine Spaghetti esse ich immer lang«, protestierte ich. Für mein Alter war ich eben, was das Überleben betrifft, sehr eigenständig. Auf ein soziales Familienleben war ich aufgrund mangelnder Erfahrung nicht vorbereitet beziehungsweise oft damit überfordert.

Ob man es glauben mag oder nicht, aber ich begann bereits sehr früh, über den Sinn des Lebens nachzudenken und war sensibel auf die Feinheiten in meinem Umfeld geschult. Wenn andere Kinder zum Beispiel an einem Busch vorbeiliefen, blieb ich stehen, inspizierte ihn näher und suchte vielleicht ein Vogelnest, Spinnen und anderes Getier. Ja, ich betrachtete das Leben an sich nie oberflächlich. Das ist bis heute so.

In der Schule hingegen war ich dann oberflächlich, wenn ich keinen Sinn in diversen Aufgabenstellungen erkannte. Mein ganzer Körper war auf das elementare Leben eingestellt – nicht auf Dinge, die nicht lebenswichtig oder für mich unwichtig waren.

Im Kinderheim lernte ich, unter all den anderen elternlosen Kindern zu überleben. Kinder können sehr grausam zueinander sein, aber auch sehr liebevoll. In der Kinderheimzeit lernte ich, meine Sachen vor den anderen Kindern zu sichern – gleichermaßen aber auch, mit dem Verlust dieser Sachen umzugehen.

Ich lernte auch, wann es Zeit war, sich kleinzumachen, also sich seinem Gegenüber unterzuordnen. Oder aber sich großzumachen, also zu imponieren. Ein wenig Angeberei gehört doch zum Leben dazu und lässt sich sowohl bei Menschen als auch bei Tieren finden. Meiner Meinung nach sogar bei den unschuldigen Blumen, die sich durch beinahe schon übertriebene Pracht zur Schau stellen. Zugegeben, hier ist das Imponieren allerdings sehr schön.

Das weitere Prozedere bei den potenziellen Eltern war wohl mit den Behörden bereits abgesprochen, denn nach ein paar Tagen klingelte das Telefon. Ich wurde direkt gefragt, wie es mir in meiner neuen Welt gefallen würde. Ich sagte wohl »gut« und dann wurde telefonisch beschlossen, dass ich bleiben durfte. So war ich anscheinend das neue Kind in einer neuen Familie. Ich war adoptiert. Mit knapp zehn Jahren. Laut Abstammungsurkunde bekam ich plötzlich einen frischen Nachnamen und hatte seit dem 3. März 1983 andere Eltern. Im Grunde hatte ich auf einmal zwei Väter und zwei Mütter. Meine alten und meine neuen.

Einmal, als es bereits das Hundezentrum Mittelfranken gab, habe ich einen Hund im Tierheim besichtigt. Napoleon nannte ich ihn später, hier hieß er noch Pico. Im Nachhinein erscheint mir die Situation ähnlich wie unsere Abgabe aus dem Kinderheim. Im Übernahmevertrag hieß es: »Der Tierschutzverein (…) vertreten durch Gerd Schuster, schließen folgenden Abgabevertrag für einen Hund: Abgabegegenstand Hund Pico, männlich, braun-blond, geboren 2009. (…) Herr Schuster hat sich vom Verhalten des Hundes Pico selbst überzeugt. Wir weisen Herrn Schuster darauf hin, dass der Hund Pico verhaltensauffällig ist und zur Euthanasie vorgemerkt wurde.
Herr Schuster erklärt, dass er den Hund Pico in seine Obhut übernehmen will und verpflichtet sich, Pico ohne Rückgabeanspruch anzunehmen. Mit Übergabe gehen die Gefahr und die rechtliche Verantwortung für den Hund Pico auf den Erwerber über.«
Euthanasie klingt so friedlich, ist aber nichts anderes als Tötung. Oft werden junge Hunde getötet. Man nimmt einem Leben den

Herzschlag. Was anderes ist es nicht. Zu oft geht's sehr schnell mit diesen Entscheidungen und manche sind tatsächlich begründet – auch wenn mich das schmerzt. Es gibt Hunde, die so gefährlich werden, dass eine Haltung kaum bis gar nicht mehr möglich ist, und wenn, dann auf Kosten der körperlichen Unversehrtheit des Menschen.
Warum habe ich mich dieses Hundes angenommen? Das klingt jetzt fast ein wenig esoterisch, obwohl ich das überhaupt nicht bin. Aber es ist wie eine Art Begabung oder ein sechster Sinn. Manche Hunde schaue ich an – und erkenne sie einfach. In ihrem ganzen Wesen. Und bei diesem Hund habe ich große Verzweiflung wahrgenommen. Rein vom Beobachten. Er konnte mir nicht mal in die Augen schauen, hat immer irgendwo vorbeigeguckt, nur nicht in die Augen. Er hat so getan, als ob er mich gleich ins Jenseits befördern wollte. Aber wenn ein Hund ernsthaft droht, dann fixiert er dich. Schaut dir mit einer gewissen Stimmung direkt in die Augen. Das konnte Pico nicht. Ohne ihn jetzt zum Menschen machen zu wollen: Er kam mir eigentlich vor, wie der kleine verletzte »Gerdi«.

Mein Zimmer wurde langsam, aber sicher zum Kinderzimmer umgestaltet. Ich hatte sogar eine Tapete mit lauter kleinen Katzen drauf, die alle eine weiße Schwanzspitze hatten. Wie der Kater Fritz meiner Adoptiveltern. Irgendwie ging es mir ganz gut da. Auch ein Hochbett wurde in das Zimmer gestellt. Doch egal wie sehr sich die beiden um mein Wohlbefinden bemühten, mein Bruder fehlte mir unendlich. Nach langer Zeit durften wir uns mal einen Abend lang wiedersehen. Das war kurz vor Weihnachten auf dem Nürnberger Christkindlesmarkt. Wir waren überglücklich – doch leider sehr aufgedreht. Eine gut gemeinte Postkutschenfahrt um den Weihnachtsmarkt brachte das Fass zum Überlaufen. So sehr, dass wir für Außenstehende wohl ein unerträgliches Verhalten an den Tag legten und man sich fatalerweise für die Zukunft dagegen entschied, dass wir erneut aufeinandertrafen. Ehrlich gesagt fehlt er mir heute noch und ich würde ihn so gerne wiedersehen …

Was wurde aus meinen leiblichen Geschwistern? Meine Schwester Bianca war während unserer Zeit im Heim in einer anderen Wohngruppe untergebracht. Vielleicht, weil sie die Älteste von uns dreien war. Sie habe ich seit der Fahrt ins neue Zuhause zu dem Pärchen nicht mehr getroffen.

Mein Bruder kam zu einer Familie, in der Mann und Frau sich bald trennten. Er blieb bei der Frau und seine neue Mutter wurde Alkoholikerin. Er war intelligent, in der Schule eigentlich sehr gut, schrieb, ohne großartig zu lernen, Einser und Zweier. Das erzählte mir genau diese Frau selbst, denn aus Zufall konnte ich sie einmal kennenlernen. Doch die erneute Trennung warf Andreas wohl auch aus der Bahn und irgendwann landete er laut Jugendamt auf hoher See als Matrose oder Ähnliches.

Meine leiblichen Eltern ließen sich scheiden. Meine Mutter zog weg und bekam zwei weitere Kinder. Somit habe ich wohl noch zwei Halbgeschwister hier auf dem Erdball, die zu meiner nicht greifbaren Familie gehören. Während mein Vater unter der Trennung litt und sich buchstäblich für den Tod durch Alkohol entschied. Mit nur fünfunddreißig Jahren verstarb er an einer Leberzirrhose. Diese Hiobsbotschaft erreichte mich im Alter von 14 Jahren. Obwohl ich ihn lange nicht mehr gesehen hatte, schmerzte mich diese Nachricht sehr. Erst da wusste ich und weiß auch jetzt, rückblickend, wie sehr ich meinen Vater gebraucht hätte.

Eines Nachts konnte ich nicht einschlafen, mein ganzer Körper kribbelte, ich konnte die Beine nicht stillhalten und ich wurde wütend auf mich und die Gesamtlage. Ich trommelte gegen die Wände, schrie und weinte. Die Tür des Kinderzimmers öffnete sich und mein neuer Vater stand neben meinem Hochbett. Er fing an, mich auszuschimpfen und schrie auch. So kannte ich ihn gar nicht. Genau in diesem Moment fühlte ich, dass mein Leben eventuell doch nicht so rosig werden würde, wie erhofft.

Mit Sicherheit war ich kein einfaches Kind, was das Betragen betrifft. Sagen wir mal so: Ich war ein Kind, das in seiner eigenen Gedankenwelt zu Hause war, zu der andere oft nur sehr schwer Zugang fanden. Genau das war wohl eines der Hauptprobleme während meiner Kindheit, Jugend und beim Erwachsenwerden und -sein. Oft wirke ich auch heute noch auf Außenstehende abwesend und desinteressiert, weil ich ein großartiger Tagträumer sein kann. Dabei blende ich bestimmte Dinge einfach aus, als hätte ich ein Filtersystem, das im Hintergrund aktiv wird. Anders kann ich es nicht beschreiben.

Als jugendlicher Mann konnte ich wenig mit Autos anfangen oder gar mit Technik. Das hat sich stabil bis heute gehalten. Mein Interesse gilt und galt der Natur und den Tieren. Menschen mit einer gewissen Natürlichkeit zogen mich immer mehr an als künstliches und aufgesetztes Benehmen. Die Schönheit einer Frau kann für mich leicht verfliegen, wenn die Natürlichkeit aufgrund von übertriebenem Verhalten nicht mehr zu sehen ist. Oder wenn Männer durch Erfolgserlebnisse im Beruf scheinbar gekrönt umherstolzieren und auf andere herabschauen. Derartiges Auftreten finde ich eher traurig und nicht erstrebenswert. Irgendwie »lost«, würde man heute sagen …

Mein neues Leben bei meinen neuen Eltern brachte ebenfalls keine Stabilität. Im Gegensatz zu meinem Bruder war ich der Klassenclown und schlecht in der Schule, prügelte mich oft und stellte Sachen an – so, wie Heimkinder eben sind, sagte man mir. Meine Adoptiveltern bekamen oft Nachrichten durch die Lehrer und zu Hause war dadurch nicht unbedingt Frieden angesagt. Sie stritten häufig, mein Adoptivvater schrie dabei sehr laut herum. Ohnehin war er jähzornig und auch so nicht zufrieden mit seinem Leben. Bei seinen Eltern hatte er wohl immer funktionieren müssen. Umso mehr brach es dann aus ihm heraus. Die Ehe war inzwischen ein Scherbenhaufen, er arbeitete viel und hart. Es war irgendwie ein Kackleben. Ich glaube, ihm hat auch etwas gefehlt. Liebe und Anerkennung schätzungsweise. Und dann zeigte sich nicht mal das Kind, dass er aus dem Heim gerettet hatte, als dankbar.

So geht es auch Menschen, die einen Hund aus dem Tierheim oder aus dem Ausland adoptieren. Sie wünschen sich Dankbarkeit. Man möchte, dass der Hund sich so verhält, dass es einem guttut. Und wenn er nicht dankbar ist und Auffälligkeiten zeigt, dann ist es eine Enttäuschung. Aber welche verquere Denke ist das? Wie soll ein Hund etwas geben können, das er selbst kaum oder gar nicht kennt? Genauso wie ein Kind, das nie wirkliche Liebe und echte Anerkennung bekam, sich auf einmal liebevoll verhalten soll?
Mir ist aufgefallen, dass Menschen, die mit aggressiven oder auffälligen Hunden zu mir kommen, oft die Angewohnheit haben, diesen Hund mit einem früheren Hund, den sie vielleicht lieber mochten, zu vergleichen. Nun hat der Hund keine Wortsprache, aber er hat eine olfaktorische Begabung. Er riecht den Braten und die Ablehnung durch seine Menschen. So wie es kleine Kinder ebenfalls merken, wenn ihre Bezugspersonen sie nicht ins Herz schließen. Und wenn sich ein Hund oder Kind gar nicht wirklich angenommen fühlt, sondern die Basis nur aus einem Stück Papier besteht, dann ist das häufig ein Acker, auf dem keine gute Frucht wächst.

Wie also soll auch ein Kind, das selbst bedürftig ist, einem Erwachsenen etwas geben?

Mein Adoptivvater wurde bald körperlich gewalttätig, seine Hand saß häufig locker. Immer wieder rutschte sie ihm aus, einmal mit so großer Wucht in mein Gesicht, dass ich Sternchen sah und dachte, ich werde bewusstlos. Schlimme Erlebnisse waren auch, als er mich mit den Knien die Treppen hinauf trat oder er mich eines Morgens auf mir kniend mit Schlägen ins Gesicht weckte. Weil ich den Wecker zum wiederholten Male nicht gehört hatte. Oft konnte ich nachts nicht schlafen oder hatte schlimme Träume. Ich schlief dann erst in den Morgenstunden ein und war dermaßen gerädert, dass das Piepen mich nicht wach bekam.

Er hatte eine Leidenschaft für Holzarbeiten und verlangte von mir, dass ich ihm dabei zusah, obwohl es mich wenig interessierte. Wenn er mitbekam, dass ich nicht genau hinschaute, wie er arbeitete, dann brüllte er mich an und schlug zu.

Fairerweise muss ich dazu sagen, dass er nicht nur so war. Er hatte auch sehr nette Phasen. Manchmal fuhr er dann mit mir zu einem Fastfood-Restaurant, was für mich das Größte war. Damals gab es noch nicht so viele in der Stadt.

Natürlich gibt es auch Hunde, die einfach schwierig sind. Ich erinnere mich an einen Rhodesian Ridgeback, der bei uns mal zur Einschätzung vorgestellt wurde. In dieser Rasse mitgemischt hat der Africanis, also ein sehr ursprünglicher, teils verwilderter Hund. Durch seine Genetik zeigt dieser Hundetypus manche Dinge sehr ausgeprägt: Angriff, Flucht, Skepsis vor fremden, neuen Dingen. Wenn er in die Aggression kommt – was übrigens absolut normales Sozialverhalten darstellt –, dann geht der Rhodesian Ridgeback mit lautem Gebrüll in die Leine. Der vorstellige Hund »explodierte« ebenfalls. Er wollte seinen Anspruch auf Ruheplätze, Territorium usw. mit Nachdruck geltend machen, wenn auch defensiv.

Nun sind die Besitzer leider vor uns in eine Hundeschule gegangen, wo er für dieses Verhalten bestraft wurde. Es wurde zum Beispiel »Boxentraining« mit ihm gemacht. In der Box knurrte er durchaus – was mir persönlich total egal gewesen wäre. Knurren ist noch kein Beißen, sondern sagt etwas aus: »Halt Abstand, lass mich in Ruhe!« Hier wurde dann aber mit einem massiven Schreckreiz gearbeitet, weil es den Besitzern nicht anders erklärt wurde. Es wurde ermutigt, mit einer PET-Flasche gegen den Hund zu hauen. Letztlich haben die Halter immer wieder Dinge geglaubt, wie sie ihren Hund behandeln sollten, die nicht zum Erfolg führten.

Auch dieser Hund erinnerte mich ein bisschen an mich. Mein Adoptivvater hat mich so ähnlich behandelt. Mein Rückzugsort war mein Zimmer, für den Hund war es die Box. Beides wurde zugesperrt. Wenn ich abends in mein Zimmer gegangen bin, habe ich auch oft bei geschlossener Tür »Arschloch« gemurmelt und gehofft, dass es keiner gehört hat. Oder »Lass mich in Ruhe.« Der Hund knurrte. Und wenn jemand nach deutlicher Warnung nicht in Ruhe gelassen wird, ob Mensch oder Hund, dann entladen sich die Aggressionen.

Dieser Hund bezahlte sein Verhalten schließlich mit seinem Leben, erfuhr ich später. Armes unverstandenes Geschöpf …

Die ganze Gewalt meines Adoptivvaters empfand ich irgendwann nicht mehr wirklich als schlimm. Ich stumpfte körperlich ab. Ich schrie nicht einmal mehr während der Schläge. Was viel heftiger war als die körperliche Gewalt, waren der Psychoterror, das Gebrüll, die Beleidigungen und das Niedermachen mit unfairen und entwertenden Worten. Das machte mich so fertig, dass ich sogar einmal mit dem Gedanken spielte, ihn zu töten! Da war ich etwa vierzehn Jahre alt. Ich rief meine Adoptivmutter in mein Zimmer und fragte sie, ob ich diese schlimmen Gedanken in die Tat umsetzen solle. Gott sei Dank war sie vehement dagegen und ich verdrängte diese schrecklichen Fantasien. Im Nachhinein erschrecken mich meine damaligen Gedankengänge sehr. Ein Leben zu nehmen, kann niemals eine Lösung sein. Lieber entscheidet man sich zur Flucht.

Bei Menschen gibt es die Bezeichnung Helikoptereltern, also Eltern, die sich ständig um ihre Kinder drehen. Alle wichtigen und weniger wichtigen Aufgaben werden durch die Eltern abgenommen. Bei mir hätte es kaum ferner liegen können. Oft habe ich darüber nachgedacht, was das mit Kindern macht. So als Kontrast zu mir. Die Kinder bleiben unselbstständig und sind auf das wahre Leben kaum vorbereitet. So ist das jedenfalls aus meiner Sicht. Das heißt nicht, dass ich damals selbstständig war im Hinblick auf ein geordnetes Leben, nein. Aber ich wusste um die Vorsicht vor den Mitmenschen, hatte das Wissen, wie man überlebt, und wusste, was das Leben noch mit sich bringen kann.

Der Begriff lässt sich in abgewandelter Form auch auf Hundehalter übertragen. Helikopter-Frauchen oder eben -Herrchen wären das dann. Da wird nach einer halben Stunde Fahrt mit dem Auto bei winterlichem Klima schon mal der Wassernapf gezückt, damit der Hund nach dieser Strapaze saufen kann und nicht dehydriert. Oft werden Hunde, die bei hyperfürsorglichen Menschen leben, sehr egoistisch, was das Verhalten betrifft. Gleichermaßen reagieren sie unter Artgenossen eher unangepasst, insbesondere, wenn sie keine Chance auf Gewöhnung mit Artgenossen haben beziehungsweise der Freilauf fehlt. Umgekehrt gibt es Hunde, die bei solchen Menschen zwar ihr eigenes Ding machen und sogar manchmal aggressiv auf ihre Halter reagieren, die anderen Hunden gegenüber aber sehr offen sind. Verwöhnte Kinder zeigen übrigens eine ähnliche Unfähigkeit, ihr Leben zu meistern, wenn ihnen die Chance genommen wird, Konflikte auch mal eigenständig

zu lösen. Wurde kaum Konfliktlöseverhalten erlernt, ist die Aggression manchmal auch nicht mehr weit.
Straßenhunde hingegen haben die Möglichkeit, das Leben selbstständig auszuprobieren und erlangen so das Wissen um mögliche Gefahren oder Ausgänge von Konflikten. Das geschieht von klein auf, durch tägliche Lektionen und Erfahrungen, die das Leben eben mit sich bringt. Nähe schafft Wärme, aber Wärme ist auch nicht immer gut, kann sogar sehr unangenehm werden. Unaufmerksamkeit kann wehtun – das lehren Straßenverkehr, stechende Insekten, pieksende Pflanzen und scharfes, unachtsam weggeschmissenes Glas und Blech. Zu viel Vertrauen Menschen gegenüber kann – oder wird sogar – früher oder später Schaden anrichten, wenn etwa ein Tierquäler sein Unwesen treibt.
Schlechte Erfahrungen lassen das Gehirn besonders schnell lernen. Schmerzerfahrungen brauchen in der Regel keine Wiederholung als Bestätigung, dass etwas wirklich wehgetan hat. Aber auch elementar wichtige Dinge, wo es Futter oder einen sicheren Unterschlupf gibt, prägen sich schnell ein.
Das Leben birgt viele Unannehmlichkeiten, mit denen jedes Geschöpf umgehen lernen muss, ob es will oder nicht. Und ob es dazu einmal in der Lage ist, liegt an der Erziehung und daran, wie und wo Mensch oder Hund aufgewachsen sind.

Der Systemsprenger

»Nein, mit Mördern wie dir spielt der nicht!«

Die Schule lief, wie erwartet: holprig. Irgendwie ging es voran, aber alles andere als glatt. »Gerd stört!« Diese Aussage schwirrt mir schon seit der Kindergartenzeit im Kopf herum und wurde während der Schulzeit als Glaubenssatz gefestigt. Mein Lehrer hat mal zu meinem Adoptivvater gesagt: »Gerd sollte ein psychologisches Gespräch führen.«

Das Schlimme daran war für mich, dass die anderen Kinder diesen Satz mitbekommen haben. Es wurde wenig geheim gehalten, jeder wusste es. Schüler und Lehrer. Schon als Kind habe ich verstanden, dass man mich als »Psycho« hinstellen wollte, als krank und nicht vollwertig. Das ist bei mir hängen geblieben. Und dann gab es immer wieder Therapeutenbesuche. Man wollte mich mit einem Belohnungssystem und Punkten für gutes Verhalten auf den richtigen Weg bringen. Was soll man dazu sagen? Gute Pädagogen können viel erreichen, schlechte hingegen viel Schaden anrichten …

Das kann man auch mit dem Verhalten von Hunden vergleichen. Wenn ein Hund nur noch Leckerli oder Würstchen bekommt, ihm aber keine Grenzen gesetzt und seine Grundbedürfnisse nicht gesehen werden, dann verhält er sich eventuell störend. Und auch hier gibt es dann einen Stempel: »Dein Hund ist nicht normal.«

Die Schulklasse hat schon zu mir gehalten, aber irgendwie war ich denen auch ’nen Tick zu crazy. Einmal spielte ich Richter und ein Teil der Schulkameraden waren meine Vollstrecker. Ich verurteilte ein anderes Kind zu Ohrfeigen oder Arschtritten, ich weiß nicht mehr genau. Die Vollstrecker mussten das Urteil für mich ausführen. Ich mobbte nicht, ich ließ mobben. Aber in meinem Kopf war das Kind kein Mobbingopfer. Es war ein rechtmäßiges Urteil. Das empfinde ich im Nachhinein als ganz, ganz schlimm. Ob ich mich später entschuldigt habe bei ihm, ist aus der Erinnerung verschwunden. Aber bei Gott habe ich dafür um Vergebung gebeten. Da bin ich sicher.

Wenn man das psychologisch betrachtet: Ich habe ja nur das gemacht, was ich auch kennengelernt hatte. Im Heim war es schließlich auch sehr rau und hart. Gefressen werden oder selbst fressen. Diese Situation blieb zum Glück eine Ausnahme, denn normalerweise habe ich nicht mitgemobbt oder schlimmer noch: den Mob angeführt, sondern mich auf die Seite der Schwächeren gestellt. Ich hatte auch eine sehr weiche Seite und habe Menschen eher in Schutz genommen. Im Nachhinein hat es mir daher noch besonders wehgetan, dass ich das bei dem Jungen nicht tat, sondern mich aufspielen musste. Warum auch immer.

Viele gute Freunde hatte ich zu der Zeit nicht. Eher einige Leute, mit denen ich Kontakt hatte. Manchmal waren das ebenfalls Kinder, die sehr auffällig waren, Rowdys. Gleich und gleich gesellt sich eben gern. Die anderen, die weniger Unfug trieben, haben es nie lange mit mir ausgehalten oder durften nicht mit mir zusammen sein.

Als ich dann einem meiner wenigen Kumpels, dem Rainer, mit einer Luftpistole versehentlich in den Kopf geschossen habe, machte es meine Gesamtsituation im sozialen Gefüge nicht unbedingt besser. Das war aber ein Unfall! Die Luftpistole kaufte ich als Kind schwarz auf dem Kinderflohmarkt. Sie war vermeintlich defekt, hieß es zumindest. Und so verhielt es sich auch sehr lange. Wenn man die Feder spannte, klackte es nur leicht, das war's. Es konnte kein Schuss abgegeben werden.

An dem Tag, als es dann passierte, hatten wir hitzefrei. Wir waren etwa 13 Jahre alt. Meine Eltern waren bei der Arbeit und wir waren allein und ohne Aufsicht bei uns. Ich war das, was man als klassisches »Schlüsselkind« bezeichnet. Im Kinderzimmer alberten wir herum. Dann lud ich die Luftpistole, legte ein Diabolo rein – die Munition –, hielt sie mir an die Schläfe und drückte ab. Das machte ich noch mal, richtete sie dieses Mal aber auf meinen Kumpel … und drückte ab …

… und da merkte ich schon den gewaltigen Unterschied und mir schwante: Oh, oh! Die hatte aber ordentlich Druck. Rainer hielt sich plötzlich das Ohr, es lief Blut zwischen den Fingern runter. Ich dachte nur: Oh, scheiße! Dann sah ich, dass ich ihn echt getroffen hatte. Er schrie und weinte vor Schmerz! Der Diabolo, ausgerechnet einer mit Spitzkopf, hatte sich durch seine Ohrmuschel gebohrt und steckte dahinter in seinem Kopf. Das Geschoss hatte schon eine Wahnsinnswucht, richtig Dampf.

Ich bekam es mit der Angst zu tun. Ist ja logisch, es floss Blut, es hatte lauter geknallt – und so habe ich dann selber die 110 gewählt, auf einem alten Telefon mit Wählscheibe. Die wollten wissen, was los ist, und ich sagte, ich habe meinem Schulkumpel in den Kopf geschossen. Was bei dieser Nachricht für ein Aufgebot erschien, das kann man sich wohl vorstellen. Es hat nicht lange gedauert, da kamen Rettungswagen, Notarzt, Polizei – die Beamten waren damals noch ein bisschen kerniger, behaupte ich mal. Sie brüllten mich an: »Wo ist die Waffe?« Es war beängstigend und einschüchternd. Sie verständigten meine Eltern. Die Einsatzkräfte standen mit Blaulicht vor der Tür, sodass auch alle Nachbarn es mitbekamen. Meinen Kumpel haben sie mitgenommen ins Krankenhaus und operiert. Zum Glück ist alles folgenlos verlaufen, bis auf die psychischen Nachwehen natürlich.

Am nächsten Tag ging ich in die Schule. Mein angeschossener Klassenkamerad nicht. Sein Stuhl blieb frei. Der Lehrer wusste, was vorgefallen war, denn er hatte Bescheid bekommen. Dann wurde wie selbstverständlich vor der ganzen Klasse erzählt, dass der Stuhl leer sei, weil es einen Unfall mit einer Pistole gegeben hatte, den der Gerd verursacht hat. Was bei den Eltern zu Hause ankam, das habe ich erst nach und nach erfahren. Zum Beispiel, als ich einige Tage später bei einem anderen Kumpel klingelte, um mit ihm zu spielen. An der Tür fragte ich: »Ist der Ralf da?«

Und seine Mutter sagte: »Nein, mit Mördern wie dir spielt der nicht!«

Nicht nur diese Eltern begannen, ihre Kinder von mir fernzuhalten. Ich bekam keine Chance, mich zu erklären. Und ich wusste ja erst selbst nicht, wie das passieren konnte. Wir bekamen erst Tage oder Wochen später die Erklärung durch die Polizei. Sogar die Kripo untersuchte den Fall. Ich beteuerte, dass die Waffe defekt war. Im Nachhinein erklärte der Polizist, wie der Schuss dennoch zustande kommen konnte: Die Feder war gebrochen, die Bruchstücke so verkantet, dass sie immer aneinander vorbeiliefen. Genau in diesem einen Moment müssen die Bruchstücke beim Entspannen so aufeinander, statt nebeneinander getroffen sein, dass die Waffe sich mit Druck laden konnte.

Die ganze Aktion zog natürlich einen Rattenschwanz nach sich – Verletzung der Aufsichtspflicht: »Eltern haften für ihre Kinder.« Ich war allein mit einer Waffe. Was zu Hause mit meinem Adoptivvater abging, kann man sich ja vorstellen …

Durch diesen Unfall geriet ich weiter in die Gaunerschiene. Ich hatte keinen Zugang mehr zu den für mich positiven Kontakten, die mir gutgetan hätten. Es mehrten sich die negativen Einflüsse durch Kinder, die schon geraucht oder geklaut hatten und die in Schlägereien verwickelt waren.

Eines Abends wurde ich dann auch noch in das Wohnzimmer meiner Adoptiveltern gerufen und mir wurde erklärt, dass sie sich trennen werden, da es in der Ehe nicht mehr gut klappte. Für mich war es die zweite Scheidung von Eltern in meinem jungen Leben. Wieder keine Familie mehr. Erst weinte ich, konnte es aber irgendwie auch verstehen.

Was ich weniger verstehen konnte, war die Schnelligkeit, mit der das Ganze vollzogen wurde und dass ich bei meinem cholerischen Adoptivvater zurückgelassen werden sollte, der relativ schnell eine neue Partnerin fand. Nach kurzer Zeit entschied er sich, zu ihr zu ziehen. Sie hatte zwei Kinder aus erster Ehe und ein wunderschönes Haus. Ich bekam ein Zimmer, eine neue Familie und sogar Großeltern. Das alles war zu schön, um wahr zu sein. Doch in dieser für mich dritten Familie war ich nicht so erwünscht, wie ich es mir erhofft hätte. Er vergaß sogar einmal meinen Geburtstag. Ich war in dieser Zeit sehr oft allein. Schnell fühlte ich mich in die Rolle des schwarzen Schafes versetzt, denn meine beiden neuen Geschwister waren wie Prinz und Prinzessin für die Familie. Ich kam mir nur störend vor. Es dauerte nicht lang, da kippte mein Adoptivvater wieder in sein altes Muster, fing an, mich zu schlagen und niederzumachen.

Mit Jüngeren oder Gleichaltrigen durfte ich ja nicht mehr abhängen, also war ich vermehrt mit Älteren unterwegs. Die wechselten dann in die Nürnberger Hooligan-Szene – damals die gefährlichste in ganz Deutschland, glaube ich. Ich selbst bin nicht mit zu Fußballspielen und den anschließenden Massenprügeleien gegangen, hatte nur Kontakt zu manchen aus der Szene. Irgendwie hat es sich schleichend, ganz unmerklich von der jugendlich-rüpelhaften Spielplatzclique zu schwerstkriminellen Schlägerkreisen entwickelt. Sogar die Kneipenbesitzer hatten großen Schiss vor uns und andere Leute ebenso. Niemand genoss unsere Anwesenheit, im Gegenteil. Einer meiner Kumpels damals wurde sogar verhaftet und bekam sieben Jahre – trotz Minderjährigkeit. Nur für Körperverletzungen! Da hat man in etwa ein Bild, was da los war. Das war kein Spaß mehr, da kamen ernsthafte Verletzungen vor.

Gott sei Dank war ich gehemmter, was das anging. Ich war zwar bei viel Scheiß dabei, benahm mich aber nie so heftig wie die. In den Momenten selbst wirkte ich abgeklärt und kühl. Aber danach beschäftigte mich, was da geschah. Und hat mir leidgetan. Ich habe bei diesen Gruppen tatsächlich eher Anschluss und Kontakt gesucht. Wärme, eine Art Familienersatz. Das bekam ich jedoch nicht.

In der Schule fiel ich auf, stand teilweise mehr vor dem Klassenraum, als dass ich drinnen war. Obwohl ich wusste, dass ich zu Hause Riesenärger dafür bekomme, hatte ich kaum mehr Respekt vor bestimmten Lehrern. Mein Rekord im Vor-der-Tür-stehen: Das neue Schuljahr begann und fünf Minuten nach der Klingel zur ersten Stunde stand ich schon draußen. Mein Lehrer hieß Herr Rund. Und ich nannte ihn Herr Spitz. Ich bin auch mal mit einem Messer in die Schule gegangen und habe mich oft geprügelt. Sogar mit Älteren legte ich mich an – kassierte dafür zwar erst mal die Prügel meines Lebens, aber versprach, jeden Schlag zurückzuzahlen. Und das habe ich dann auch gemacht. Bis ich nicht mehr konnte.

Und wenn dann mein Vater zu Hause davon erfahren hat, meine zahlreichen Blessuren im Gesicht und am Körper bemerkte, dann sagte er nicht: »Du armer Kerl.« Nein: Dann bekam ich von ihm gleich noch eine Tracht Prügel hinterher. So war es halt damals bei uns.

1988 war die Schulzeit endlich überstanden. Ich war fast 16 Jahre alt und froh, endlich arbeiten zu dürfen. So begann ich eine Lehre zum Hotelfachmann. Lange bin ich jedoch nicht dabeigeblieben. Vielleicht hatte es auch damit zu tun, dass ich da schon die ersten Punks kennengelernt hatte. Es zog mich mehr zu ihnen als ins geregelte Arbeitsleben. Außerdem gab es da noch ein kleines und haariges Problem: Wenn du eine Hotelfachmannlehre machst, musst du erst drei Monate in die Küche, in den Service, ins Restaurant und so weiter. Damals hatte ich aber schon Ratten. Und die habe ich dann mit in die Küche gebracht. Ich hatte sie unter meiner Kochkluft versteckt. Da sah man dann nur so eine Beule. Irgendwann fand der Küchenchef Rattenkot in der Küche und war vollkommen außer sich. Eine Katastrophe. Wo kam das her? Irgendwann kam halt raus, woher … Der Hoteldirektor, der mich natürlich zum Gespräch zitierte, verdeutlichte mir den Ernst der Lage. Wegen mir hätte das ganze Hotel schließen können, wenn das zum Gesundheitsamt durchgedrungen wäre. Tatsächlich hat er mir erst noch eine Chance gegeben, ich sollte mir allerdings doch mal die Haare schneiden. Also schnitt ich sie mir selbst, sah dementsprechend aus. So ging ich am nächsten Tag zur Arbeit – und flog prompt raus. Von dort aus ging es direkt auf die Straße. Wie praktisch, dass ich zu Hause gerade sturmfrei hatte und mich niemand aufhielt. Erst mal zumindest.

Auf die Straße

»Ich hatte niemanden mehr auf der Welt, außer mich selbst.«

Eines Tages heirateten mein Adoptivvater und seine neue Frau. Sie fuhren in die Flitterwochen und nahmen mich nicht mit. Offizieller Grund war wohl meine Lehre. Als ich während des Urlaubs der beiden allein zu Hause und frisch gefeuert war, überkam es mich und ich plünderte mein selbstverwaltetes Sparbuch. Ich fuhr in die Stadt und lernte mehr neue Leute kennen. Bunte Leute, Punks! Dort fühlte ich mich wohl. Ich rauchte und kaufte mir Bier. Nachts pennte ich allerdings zu Hause.

Na ja, und nach ein paar Tagen kam mein Vater wieder nach Hause und als ob er es ahnte, fragte er mich nach dem Sparbuch. Denn es war nicht mehr da, wo es eigentlich aufbewahrt wurde. Ich hatte auf einmal wahnsinnige Angst, dass er mich schlagen und ich die Prügel meines Lebens bekommen würde. Ich nahm meinen ganzen Mut zusammen und sagte ihm in Tränen aufgelöst, dass ich zurück in ein Heim will. Dass ich mich hier nicht mehr wohlfühlte und auf keinen Fall bleiben werde. Er sagte, wenn ich wirklich gehe, dann würde er mich enterben. Irgendwie war die ganze Sache mit dem Sparbuch ein Startschuss für mich. Meine Angst vor der Sparbuchbeichte war so groß, dass ich alles riskierte und meine gelb-blaue Sporttasche vor seinen Augen packte, um mich an ihm vorbeischleichen zu können. Raus. Ich wollte nur weg! Er stand im Türrahmen und ich war sicher, dass ich mindestens eine Ohrfeige riskierte, wenn ich an ihm vorbeiging. Doch er tat nichts dergleichen. Er sagte nur, ich sei enterbt. Aber das war mir gleich. Reichtum oder Geld waren mir schon immer egal.

Ich verließ das Haus, lief zur Bushaltestelle, die nicht weit von uns entfernt war und stieg in den Bus. Am Endbahnhof kaufte ich mir ein Bier und rauchte eine, ohne mich irgendwie schlecht dabei zu fühlen. Ich fühlte mich sogar richtig gut, unendlich frei. Nie wieder wollte ich dorthin zurück! Meine erste Anlaufstelle war das KOMM in Nürnberg, ein selbstverwaltetes Kommunikations- und Kulturzentrum im Zentrum Nürnbergs. Unter anderem war darin unten eine Milchbar, in der es alkoholfreie Getränke gab und Jugendarbeit betrieben wurde. Dort durften wir so manches Mal pennen, wenn es niemand mitbekam.

Die Straße war nun mein neues Zuhause und damit verbunden völlig neue Eindrücke. Knapp 16 Jahre alt, war das eher ein Abenteuer. Mir machte dieses Leben Spaß, denn es gab immer neue Dinge zu entdecken und ich lernte die merkwürdigsten, aber interessantesten Menschen kennen. Jeder hatte seine eigene Geschichte, warum sich sein Leben so geformt hat. Ich liebte diese Menschen und mit der Zeit bastelte ich mir meine eigene neue Familie. Schnell konnte ich mir das Erlernte vom Kinderheim zunutze machen. Ich wusste, wann es besser ist, eher ruhig zu sein und mich anzupassen, erkannte aber auch, wann die Zeit gekommen ist, sich in einer bestimmten Situation zu behaupten. Mein Sozialverhalten wurde weiter geschult und gefestigt, denn überwiegend war ich friedfertig und situativ gesellig. In der Gruppe nahm ich eine Art Stärke wahr, ich fühlte mich zugehörig, irgendwie unbesiegbar.

Aber genauso waren da die schwachen Momente, in denen ich mich zurückzog. Im Inneren, in meiner Gedankenwelt, lebte ich abgekapselt für mich und fühlte mich häufig allein. Zu behaupten, das Leben auf der Straße sei voller Gefahren, wäre ebenso falsch, wie zu sagen, alles sei super. Dennoch denke ich oft und gerne an diese Zeiten zurück, denn ich war frei, selbstbestimmt und lernte täglich so viel Neues dazu. Ich lebte in den Tag hinein, konnte aufstehen, wann ich wollte, und mich hinlegen, wann ich müde war. Ich musste nur die richtigen Schlafplätze finden. Den Hunger und den Durst stillte ich dank verschiedenster Strategien und Angebote. Das ging schon irgendwie.

Jetzt war ich also obdachlos. Wir Straßenmenschen nennen das »Platte machen«, was nichts anderes heißt, als dass wir auf der Straße leben. Richtig bewusst war mir das am Anfang nicht. Ich lebte einige Wochen lang mal hier und mal da. Mein erster Kontakt zu Drogen ließ auch nicht lange auf sich warten. Kohle für diese Dinge hatte ich zwar nicht, wurde aber als Neuer seltsamerweise immer eingeladen, wenn es darum ging, gemeinsam irgendwas zu konsumieren. Alkohol, Haschisch und wenig Schlaf lösten vermutlich die Gefühle aus, die mich dazu brachten, mir einen Hund anzuschaffen.

Denn nach zig Wochen – ich kann nicht mehr sagen, wie viele – überkam mich ein Schwindelgefühl, das nicht mehr nachzulassen schien. Jeden Tag aufs Neue war mir schwindelig. Das war so schlimm für mich, dass ich sogar sterben wollte. Bis heute kann ich nicht sagen, warum das so war. Vielleicht nur ein Alarmsignal des Körpers. Jedenfalls schottete ich mich innerlich immer mehr von den Dingen dieser Welt ab, nahm Abschied von der Gesellschaft und isolierte mich sogar von meinen Freunden. Wenn ich ihnen davon erzählte, lachten manche nur und ich war für sie der Hypochonder. Aber der Schwindel war echt und nicht eingebildet. Ich fühlte mich einsam und im Stich gelassen. Und merkte so langsam auch körperlich, dass ich tatsächlich niemanden mehr hatte auf dieser Welt, außer mich selbst. Dieses Gefühl kann wohl nur jemand nachempfinden, dem es ähnlich ergangen ist.

In mir wuchs der Wunsch, einen Freund zu haben, der mich versteht. Einen Zuhörer, Kumpel und Familienersatz. Ich wollte nicht mehr gefangen in mir selbst sein, wollte wieder einen Sinn im Leben haben. Ich wollte einen Hund! Davon erzählte ich einem Kumpel. Wir suchten gemeinsam nach einem passenden, auch in Zeitschriften. Und so kam ich irgendwie an ein Tierheim in Passau. Das war von uns aus gut über 200 Kilometer entfernt, doch ein Bekannter hatte ein Auto und wir fuhren nach Passau.

Dort angekommen, staunten die Leute nicht schlecht, als ein Punker sich für einen Hund aus dem Tierheim interessierte. Denn ohne festen Wohnsitz hat man schlechte Karten, ein Tier zu adoptieren. Ich spielte mit offenen Karten und erzählte, dass ich kein richtiges Zuhause habe. Wahrscheinlich bemerkte der Tierpfleger meine Hilflosigkeit und den ehrlichen Herzenswunsch, mir einen Hund zulegen zu wollen. Vermutlich bemerkte er auch, dass ich mich gut um das Tier kümmern würde. Jedenfalls ging ich den Gang im Tierheim entlang und blickte durch die Glasscheiben in die Unterkünfte verschiedenster Hunde. Ich wollte einen großen Hund. Zwei interessierten mich auf Anhieb. Doch einer kristallisierte sich immer mehr heraus. Es war ein übergroßer, sehr dunkler Schäferhund, der mich wütend durch das Glas anbellte und mit den Zähnen fletschte. Er hatte bernsteinfarbene Augen und sein Blick wirkte aufgrund dieser besonderen Farbe stechend und eindringlich. Warum ich mich gerade für diesen unzugänglich wirkenden Hund interessierte, kann ich heute nur mutmaßen. Vielleicht war ich in erster Linie auf der Suche nach Schutz. Und den konnte mir dieser Hund mit Sicherheit bieten.

Rosco war sein Name. Dieser Hund sollte es sein, ohne Kompromiss. Es war ein ehemaliger DDR-Grenzhund, wie ich erfuhr. Ich durfte zu ihm rein und Rosco sprang sofort an mir hoch. Er stand auf seinen Hinterbeinen und stützte sich mit seinen Vorderbeinen an meinem Brustkorb ab. Dabei fixierte er meine Augen und knurrte. Irgendwie war mir auf einmal nicht mehr wohl in meiner Haut. Verunsichert flüsterte ich seinen Namen – dann nahm der Hund plötzlich weiche Züge in seiner Mimik an und auch der Rest des Körpers signalisierte, dass die angespannte Lage vorüber war. Rosco wedelte sogar mit dem Schwanz und ließ von mir ab. Nun lief er aufgeregt hin und her, als wollte er sagen: »Nimm mich mit!« Jetzt stand es für mich fest, diesen Hund wollte ich haben.

Der Tierpfleger schien erleichtert und froh für den Hund. Doch eine Hürde musste zunächst genommen werden. Denn wie mir der Tierpfleger offenbarte, durfte er den Hund nur herausgeben, wenn ich eine feste Wohnadresse nachweisen konnte. Grund dafür sei, dass eine Kontrolle des Wohnsitzes durch das Tierheim als Verein stattfinden müsse. Und genau das konnte ich nicht. Ich lebte doch mal hier, mal da. Aber ich versprach, mich so schnell als nur möglich um eine Adresse zu kümmern. Ich wollte diesen Hund, koste es was es wolle. Der Mann aus dem Tierheim bemerkte meine Traurigkeit und stimmte zu. Sie würden den Hund sogar bringen! Was danach ist, ob ich dann wieder auf der Straße lebe, war ihm egal. Hauptsache, dem Hund geht es gut dabei. So fuhren wir ohne Rosco den weiten Weg zurück aus Passau in die Großstadt.

Gleich am nächsten Tag schnorrte ich mir ein wenig Kohle, um im Tierheim anzurufen. Dort bekräftigte ich nochmals das Interesse an dem Tier. Am anderen Ende der Leitung bestätigte man mir, dass der Hund so schnell eh nicht vermittelt werden würde, da er schließlich vom Verhalten her nicht einfach sei. Es vergingen zwei Wochen, in denen ich mich jeden Tag bemühte, mir eine Unterkunft zu besorgen. Dabei dachte ich fast jede Minute an den großen dunklen Hund namens Rosco, der im Tierheim auf seine Befreiung wartete. Ich erzählte jedem, den ich traf, von Rosco, dem Schäferhund.

Schließlich fand ich eine nette junge Familie, die mich tatsächlich bei sich aufnahm, damit ich den Hund bekommen konnte. Dass dies rein fürs Papier war, war dabei völlig egal.

Mir jedenfalls. Aufgeregt rief ich im Tierheim an und man versicherte mir, dass sie sich in drei Tagen auf den Weg machen würden, um meine Unterkunft zu kontrollieren und mir anschließend den Hund zu übergeben. Ich war überglücklich!

Tage mit Rosco

»Ich bin sehr menschenscheu geworden und streune umher wie ein Straßenhund.«

1989. Ich war ein Punk, innerlich voller Chaos. Und ich trug dies auch nach außen, wo es alle sehen konnten. Bunte Haare, schräge Klamotten mit Nieten. Auf eine Art abstoßend, für manche vielleicht interessant. Ich trug mein verkorkstes Leben nach außen. Gedankenlos starrte ich in die Masse der Menschen, die an mir vorüberzog. Sie schienen gestresst, abgehetzt oder wirkten aufgesetzt und künstlich. Mir war das egal, solange man mir meine Ruhe ließ. Mein Blick wanderte zu meinem Hund, wie er dalag und schlief. Ihm schien das Drumherum genauso egal zu sein wie mir. Er war genauso verkorkst wie ich. Aber unschuldig, denn er war ein Tier.

Ich nahm wahr, wie Leute über mich redeten. Meistens fielen Sprüche wie »Guck mal, der arme Hund!« oder »Haste den gesehen?« Aber nicht alle reagierten so. Es gab auch Menschen, denen man eine gewisse Faszination anmerkte, wenn sie »uns« sahen. Diese mochte ich besonders. Eigentlich mochte ich alle Menschen, doch ich war vorsichtig. Das musste ich auch sein, denn nicht jeder war harmlos. Es konnte sehr gefährlich werden, eine unscheinbare Begegnung konnte kippen und zu einer brandgefährlichen Situation eskalieren.

Aber dafür hatte ich ihn: Rosco, meinen Hund. Was würde ich nur ohne ihn tun? Er gab mir in solchen Situationen Sicherheit, auf ihn konnte ich mich verlassen. Meistens wollte ich aber nicht mit ihm auffallen, deshalb war es wichtig, dass er sich unauffällig zeigte. Wie gerade jetzt, ein in sich ruhender Hund, doch stets mit einem wachsamen Auge.

Stundenlang hätte ich dort noch sitzen können, denn ich hatte alle Zeit der Welt und keinen Stress. Nicht so wie die Menschenmassen vor mir. Es gab nur eine Sache, die mich ein wenig störte. Ich brauchte noch Hundefutter und für mich etwas zu beißen. Das hieß wieder einmal schnorren. Ideen haben, um schnell an ausreichend »Kohle« zu kommen. Damals hatte ich einen guten Platz gefunden, ich durfte ihn nur niemandem verraten, sonst wäre er wieder verbraucht gewesen. Oben an der Burg, an einer Brücke mit Holzgeländer. Sie war nicht sonderlich breit, höchstens fünf Meter. Das war gut für mich, denn die Leute konnten mir dort nicht so gut ausweichen. Wir Punker passten gut auf unsere Schnorrplätze auf, denn sie waren lebenswichtig für uns.

Langsam stand ich auf und streckte mich noch einmal. Rosco stand ebenfalls auf. Erst vorne, dann hinten, wobei er die Hinterbeine einzeln von sich streckte und dabei gähnte. Er schien zu wissen, dass es zum Schnorren ging. Es war ja jeden Tag das Gleiche. Also liefen wir los. Es war warm an diesem Tag, ich schwitzte in meiner Lederjacke. Ausziehen wollte ich sie aber nicht. Die Leute sollten meine angesprühte Jacke und die mit Benzinstift geschriebenen Sprüche ruhig lesen. Sprüche wie »No Future« oder »Fuck the System« zum Beispiel. Hauptsache provozieren. Hier und da hatte ich ein paar Buttons angeheftet, die ebenfalls Sprüche oder auffällige Bilder zeigten, dazwischen glänzten ein paar Nieten und anderes Equipment aus Metall.

Zur Burg war der Weg noch lang. Bestimmt lief ich 20 Minuten, denn es ging immer bergauf. Das war das einzig Nervige an diesem Platz. Genauso nervte es wahrscheinlich auch andere Punks. Wer wollte schon nur bergauf laufen? Erst recht nicht, wenn man körperlich geschwächt, mit Alkohol oder Tabletten betäubt war. Gut, so blieb der Platz für mich!

Endlich angekommen, zog ich meine Lederjacke aus und legte sie für den Hund auf den Boden. Hier konnte er sich darauflegen wie auf eine Decke. Das machte ich immer so und er schien es zu genießen. Unter meiner Lederjacke hatte ich meistens Shirts an, die zerrissen oder voller Löcher waren. An diesem Tag war ich gut drauf, das bedeutete, dass auch die Leute gut drauf sein würden. Hier passte das Sprichwort: »Wie man in den Wald hineinruft, so schallt es heraus« – das hatte ich schnell kapiert. Meistens funktionierte die witzige Masche, und an diesem Tag schien es echt gut zu gehen. Ich bekam fast nur Silber. Ich hatte ziemlich schnell den Tagesbedarf für mich und meinen Hund gedeckt. Dieser war nicht hoch, passend zu meinen niedrigen Ansprüchen.

Oft war Rosco eine Art Brücke zur Gesellschaft für mich. Denn wo mich die Menschen sonst nicht ansprachen, weil sie sich nicht trauten, machten sie das über meinen Hund. Entweder fragten sie, wie er hieß, oder sagten, dass er schön aussah oder so etwas. Letztendlich waren sie neugierig auf mein Leben.

So gestaltete sich jeder Tag meines bunten Lebens anders. Nicht so langweilig wie das Leben dieser Leute, die an mir vorüberzogen. Selbst an diesem Samstag waren alle unterwegs! Warum ruhten sich die Menschen nicht mal aus? Arbeit war bestimmt richtig schädlich. Ich hatte Kopfweh und es ging mir nicht so gut. Die beste Idee war, dass ich wieder etwas Kohle schnorrte von diesem unruhigen und gehetzten Ameisenvolk.

Dieses Mal lief ich in Richtung Bahnhof, da kreuzten sich die Wege von den Normalen (was immer das auch war) und uns bunten, anders erscheinenden Menschen. An der Passage machte ich halt, dort wollte ich schnorren – wobei ich echt keine große Lust hatte. Aber ich hatte keine Medizin gegen meinen selbst verursachten Zustand und brauchte unbedingt

Geld für ein Konterbier. So bezeichneten wir Straßenmenschen ein morgendliches Folgebier, das als Überbrückung der Nüchternheit oder bis zum nächsten Rausch diente. Eine Art Kreislaufmittel, um den Entzug nicht so heftig werden zu lassen. Mein Hund kannte dieses Ritual und legte sich schon mal hin, während ich den traurigen Hampelmann für die Gesellschaft spielte. Wobei dies gewiss immer Ansichtssache war.

Oft, wenn ich einen Tiefpunkt hatte, stellte ich mir einfach vor, dass diese ganzen umtriebigen Leute für mich arbeiteten. Ja, sie gingen arbeiten für mich! Und sie mussten das Geld an mich abgeben. Dieser Gedanke baute mich manchmal auf und war weniger egoistisch, als es tatsächlich klang. Nur so konnte ich die gemeinen Sprüche vergessen oder Gewalttaten überspielen, die es immer mal wieder auf der Straße gegen mich gab. Hier hatte ich Gott sei Dank meinen Rosco. Er diente nicht nur als Magnet, sondern auch als Bodyguard. Und das machte er gut. Auf ihn konnte ich mich verlassen. Er strahlte im entscheidenden Moment Kraft und Entschlossenheit aus. Bestimmt hatte er mir so sogar schon das Leben gerettet. Anders als viele Punks glaubte ich an Gott. Ich war kein Zufall, das wusste ich! Und Gott hatte mir diesen Hund geschenkt, jawohl!

Einen Großteil ihrer Tagesfreizeit widmen Straßenhunde dem Beobachten ihrer Umgebung. Sie ruhen viel, schlafen und scannen ihr belebtes und unbelebtes Umfeld, denn das Erkennen von kleinsten Veränderungen kann überlebensnotwendig sein.
Sie beobachten uns Menschen mit Argusaugen und gepaart mit dem Geruchssinn wissen sie Situationen gut einzuordnen. Die Schubladen der Sympathie und Antipathie werden binnen Sekunden geöffnet und der Beobachtete in die dazugehörige Kategorie eingeordnet. Diese Begabung hilft beim Überleben auf der Straße,

ob es ums Betteln für Futter oder um Streicheleinheiten geht. Sie haben es einfach drauf.
Wenn es ihnen zu viel wird, suchen sie sich einen Rückzugsort. Manchmal denken Touristen, die in ihrem Urlaubsland auf einen Straßenhund treffen und einen gewieften Opportunisten vor sich haben, dass das Tier unbedingt zu ihnen möchte und nicht mehr ohne ihre Hilfe auskommen wird. Der Hund also nur auf sie persönlich gewartet habe.
Doch beim nächsten Touristen ziehen sie genau die gleiche Masche ab. Es hat also nichts mit Liebe zu tun oder damit, sich einen Menschen für sich auszusuchen. Sondern es handelt sich um ein erlerntes Verhalten, um Überlebens-Strategien.

Es war noch früh und ich war allein. Ich war froh, ich war gerne allein. Da musste ich mit niemandem reden. Mal stand ich herum, lief den Leuten nach, um sie höflich anzusprechen, oder ich setzte mich hin und beobachtete einfach. Das machte ich gerne. Eine Frau lief mit einem – für mein Empfinden – viel zu großen Hund an mir vorüber. Er passte gar nicht zu ihr. Er schien ein Rassehund zu sein. Ein Hund, der als Prestigeobjekt geboren ein Leben bei dieser Frau führen musste. Sie zupfte und ruckte an ihm herum und schämte sich scheinbar, weil ihr »Schaut mich alle an«-Objekt bei jeder Gelegenheit die Bremse reinhaute und überall gegenpisste. Er wirkte ein wenig trotzig, die Frau überfordert und gestresst. Es tat mir leid für ihn. Er sah stark aus und wirkte unbeugsam, seine Augen schienen aber um Hilfe zu rufen.

Ich war sensibilisiert für Dinge, die andere Menschen gar nicht wahrnahmen. Vielleicht fielen mir diese kleinen Details auf, weil ich Menschen und Tiere gerne beobachtete. Auch die Frau wirkte nicht glücklich. Das dachte ich, der ich hier auf der Straße saß und bettelte. Wow! Einige Zeit schaute ich dem ungleichen Gespann hinterher und machte mir meine Gedanken. Für diesen Tag nahm ich mir vor, speziell Menschen mit ihren Hunden zu beobachten. So war der Tag gerettet und ich hatte eine Beschäftigung neben der Beschäftigung. Und ich hatte freie Zeiteinteilung!

Na klasse, es fing schon gut an. Ich sah Menschen mit Hund, nur dass die Zweibeiner uniformiert waren und mich aus der Ferne mit ihren Blicken fixierten. Jetzt musste ich schnell entscheiden: sitzen, laufen oder stehen. Was ich hier machte, wussten sie, und das war verboten. Alkohol hatte ich keinen in der Hand und auch keine Flasche am Boden stehen. Es könnte gut ausgehen. Darum entschied ich mich fürs Stehen. Stehen könnte auch ein Warten signalisieren – und Warten war schließlich nicht verboten. Roscos Leine lag neben ihm auf dem Boden. Ich nahm sie auf und machte ihn an einem Geländer fest. Mit Sicherheit würden sie mich kontrollieren.

Kaum hatte ich Rosco angeleint, vernahm ich schon die herrische Stimme eines Polizeibeamten, der meinen Ausweis sehen wollte. Ich verdrehte die Augen und mit gespielt freundlicher Miene drehte ich mich zu den Beamten um. »Oh, guten Morgen!« – sagte ich und versuchte, die amtliche Stimmung zu entschärfen. »Treten Sie von Ihrem Hund weg in unsere Richtung«, befahl der eine Polizist. Da ich keinen Ärger wollte, machte ich, was er forderte. »Hier ist es gut. Da stehen bleiben und Ausweis raus! Aber langsam, Freundchen!« Ich wusste, dass mein Ausweis in der Innentasche meiner alten, verdreckten Lederjacke war. Ich musste also reingreifen, um den Ausweis vorzeigen zu können. Für eine Kontrolle ein strategisch ungeschickter Ort, da die Herren von der Polizei generell vom Schlimmsten ausgingen und mich als Geheimagenten sahen, der seine Waffe aus dem Brustholster ziehen würde, um mit gezielten Schüssen seinen Weg freizuschießen. Innerlich musste ich schmunzeln, fand den Ausweis und zog ihn langsam hervor, um ihn zu übergeben. Der Mann mit dem grimmigen Gesicht und dem Hund blieb bei mir, während der andere mit meinem Ausweis ein paar Meter entfernt zur Überprüfung funkte.

Während der Kontrolle nahm ich mir meinen Tagesvorsatz zu Herzen und schaute mir die beiden mal genauer an. Der Hund wirkte nervös und angespannt, ruhelos würde ich sagen. Er schaute immer wieder nach oben zu seinem Menschen und wieder zu mir, dann zu Rosco, wieder zu mir, wieder zu Rosco und so weiter. Seine Rute peitschte ab und an hin und her. Ich glaubte, dass dieser Hund sehr gefährlich werden konnte und war froh, dass er mit einem Maulkorb abgesichert war. Er schien wie von Sinnen zu sein, irgendwie sogar irre. Na ja, die Polizei würde schon wissen, wen sie da hatte.

Das Funkgerät des anderen rauschte, man hörte eine Stimme und wieder Rauschen. Schließlich kam er zurück und übergab mir den Ausweis. »Was machst du da?«, fragte er mich, das »Sie« vergessend. »Ich warte«, antwortete ich. Das war nicht mal gelogen, denn ich wartete mein ganzes Leben auf irgendwas. Dieser Bulle schien älter und erfahrener zu sein als der Hundeführer. Er schaute mich mit einem zur Seite geneigten, skeptischen Blick an und sagte ein unerwartetes »Okay«, drehte sich zu seinem Kollegen und beide gingen. Krass, das hätte ich nicht erwartet. Normalerweise bekam ich einen Platzverweis oder eine Ermahnung. Ich wartete, bis sie weg waren und setzte mich auf meine Lederjacke. Rosco legte sich neben mich. Während der Kontrolle hatte er sehr angespannt, abwartend und nicht sehr freundlich gewirkt. Er beschützte mich und das fand ich gut. Ich streichelte sein Fell und wir kamen beide zur Ruhe.

Er tat mir so gut! Immer wenn es mir schlecht ging, konnte ich ihn an mich drücken oder streicheln. Ich fühlte mich oft einsam. Dann schaute ich ihn an und der Schmerz war nicht mehr so groß. Irgendwie hatte ich das Gefühl, dass er meine Gedanken mit mir teilte. Das war natürlich Blödsinn, aber es half mir. Ich war sehr menschenscheu geworden und streifte umher wie ein Straßenhund. Ich kannte viele Menschen, aber niemandem konnte ich mich anvertrauen, denn das Leben auf der Straße war nicht immer ehrlich und es war gefährlich.

Wer viel redete, schuf für fremde Menschen eine große Angriffsfläche, eine Art Zielscheibe. Man wurde verletzlich, was ungünstig war. Verletzungen konnte man sich nicht leisten – erst recht keine seelischen!

Ich saß im Schneidersitz und hob Rosco mit seinem Oberkörper leicht auf mein Bein, um ihn auch zwischen seinen Vorderbeinen streicheln zu können. Mein Hund, mein treuer Hund! Familie, Freund und stiller Zuhörer.

Die alte Dame, die immer hier spazieren ging mit ihrem ebenso alt wirkenden Hund, ging an uns vorüber. Sie ging bucklig, der Hund auch. Beide wirkten identisch, sie passten gut zusammen. Sie gingen den Weg, den sie seit Jahren gingen, ungestört von den Einflüssen der Gesellschaft. Vielleicht hatte sie niemanden mehr außer diesen alten Hund. Vielleicht war der Ehemann schon lange verstorben und die Kinder irgendwo.

Vielleicht war die alte Dame in Vergessenheit geraten und niemand machte sich mehr Gedanken über sie. Nur ich, der Punk … Sie kamen mir vor wie zwei lebende Tote. Oder wie zwei Landschildkröten. So meisterten die beiden Alten Meter um Meter, bis sie nicht mehr zu sehen waren.

Ich dachte oft über derartige Dinge nach. Und wenn ich die Menschen betrachtete, wirkten die meisten, als würden sie umherirren, auf der Suche nach dem eigentlichen Sinn des Lebens. Dieser Gedanke stimmte mich traurig. Ein Nachteil, wenn man allein war und mit niemandem so richtig reden konnte. Der eigene Kopf beschäftigte mich häufig – und damit meinte ich nicht dieses ohrenbetäubende Schädeldröhnen nach dem Rausch. Mich stimmte die gesamte Situation traurig, vielleicht weil mir meine eigene verlorene Position in dieser Gesellschaft klar wurde. Überwiegend hatte ich Spaß an meinem Leben, ich war jung und rebellisch – aber manchmal fühlte ich mich sehr einsam. Ich hätte gerne meine Erfahrungen und Geschichten, die ich erlebte oder die mir einfielen, mit jemandem geteilt. Vielleicht hatte ich deshalb oft wechselnde Beziehungen, vielleicht …

Mist! Da kamen andere Punks. Zwar kannte ich den einen oder anderen, aber sie waren noch richtig knülle, also betrunken, und machten mein Geschäft kaputt. Mit einem scharfen Pfiff signalisierte ich Rosco, dass es Zeit wurde zu gehen. Ich schnappte meine Lederjacke, während Rosco seinem Aufsteh-Ritual nachging. Sie riefen irgendwas, ich glaube, sie riefen meinen Namen, aber ich hatte keine Lust auf Gesellschaft. Ich tat so, als ob ich es nicht hörte, und ging weiter. Ich lief die Passage hoch und bog einmal nach rechts ab, sodass ich die anderen Punks von oben beobachten konnte.

Einer von ihnen, genannt Mücke, hatte auch einen Hund dabei. Ein schöner Rüde, ganz schwarz, der ohne Leine lief – gefährlich in der Bahnhofsgegend, da die Polizei die Hunde dort nicht ohne Leine sehen wollte. Mücke schien das momentan egal zu sein, sein Zustand signalisierte mir das jedenfalls. Ich fragte mich, wie es sein konnte, dass sein Hund immer noch bei ihm blieb, obwohl er richtig betrunken war. Warum ging sein Hund nicht verloren! Er rief ihn ja gar nicht und lockte ihn auch nicht.

Wenn ich an die Stadtmenschen dachte, wie sie oft ihre Hunde lockten und mit Würstchen bestachen, kam es mir absurd vor. Die Hunde fraßen einfach, fraßen und fraßen ... Mir kam es vor, als würden die Menschen ihre Angst verfüttern. Vielleicht taten sie das ja auch. Vielleicht hatten sie Angst, die Hunde würden ohne das ganze Zeug abhauen. Es wirkte auf mich steril, hilflos und dermaßen unkreativ. Ich halte Hunde für clever, seit ich mit ihnen zu tun habe. Ich hatte gar keine Wurst zum Verfüttern, Mücke bestimmt auch nicht. Er war ein Straßenpunk wie ich auch; wir brauchten die Kohle für Wichtigeres.

Der Hund von Mücke schien geduldig zu sein, was den Zustand seines Herrchens betraf, da dieser sich nicht gerade rücksichtsvoll verhielt. Er torkelte immer wieder, und nicht selten musste sein Hund aufpassen und zur Seite springen. Obwohl Mücke so ein betrunkener Tollpatsch war, blieb sein Hund treu bei ihm. Mücke musste sich für seinen Hund nicht verstellen oder sich zusammenreißen, sein Hund passte sich ihm perfekt an. Ich war mir sicher, Mückes Hund fühlte sich wohl, auch wenn das von außen anders erschienen sein mag. Mein Hund war genauso. Obwohl ich meinen Weg ging, betrunken oder nicht, blieb Rosco bei mir. In Gegenden, wo wir beide uns auskannten, konnte es schon mal sein, dass er auf eine Wiese lief und dort schnüffelte. Das war mir egal. Ich brauchte ihn nur selten zu rufen; er kam eh wieder.

So wunderte es mich oft, wenn ich die »Normalen« mit ihren Hunden beobachtete, wie sie bei jeder Gelegenheit nach ihren Hunden riefen und pfiffen. Sogar, wenn die Hunde hinter ihnen herliefen und mal kurz schnüffelten oder pinkelten. Es erschien für einen Außenstehenden logisch, dass der Hund nachlaufen würde – wo sollte er sonst auch hinwollen? Er wollte doch zu seinem Menschen zurück, wenn dieser ihn einigermaßen gut behandelte.

Dass Hunde ihre Menschen auch mal ärgerten, weil sie sich sehr wohl bewusst waren, dass sich ihr Mensch Sorgen machte, war mir klar. Das konnte ich auch bei Rosco beobachten: Wie sehr es ihm Spaß machte, wenn er zum Beispiel irgendeinen Müll ins Maul nahm und ich das nicht wollte. Er schaute mich verstohlen an, bevor er sein Vorhaben in die Tat umsetzte, und nahm eine spielerische Haltung ein. Das sah witzig aus. Er duckte sich mit dem Vorderkörper nach unten und stützte sich auf seine Ellenbogen. Der Hintern war nach oben gereckt und der Schwanz wedelte. Dann machte er einen komischen Laut und schnappte sich genau den Gegenstand, den ich ihm verbieten wollte. Ein Riesenspaß für ihn, und ehrlich gesagt entschärfte er damit meine Stimmung. Ich hatte oft beobachtet, wie Hunde ihre Menschen ärgerten. Überhaupt riefen die Menschen ihre Hunde, als ob diese etwas zurückgeblieben wären – nicht nur auf die Wegstrecke bezogen. Ich war davon überzeugt, dass Hunde keine dummen Lebewesen waren.

Mit Sicherheit waren wir Punks nicht immer fair zu unseren Hunden, zum Beispiel wenn wir getrunken hatten, aber sie blieben bei uns. Außenstehende konnten bestimmt nicht nachvollziehen, wie sehr wir unsere Hunde liebten und sie brauchten, auch wenn wir unsere Hunde mal anschrien. Natürlich taten wir das auch. Menschen schreien sich auch gegenseitig an, gerade Ehepaare oder Eltern ihre Kinder. Warum durften wir dann nicht auch mal unsere Hunde anschreien? Manchmal gingen einem die Nerven durch, man fühlte sich verzweifelt oder war einfach nur unausgeschlafen, dann kam einem der

Fehler des Hundes gerade recht, um dem eigenen Missmut freien Lauf zu lassen. Da man sonst niemanden hatte, war eben der Hund der Prellbock. Normal in einer sozialen Beziehung, würde ich sagen.

Ich lebte mit meinem Hund in einem freundschaftlichen Verhältnis. Umgekehrt hatte mein Hund auch mal schlechte Laune, die er dann an mir ausließ. Es konnte sogar sein, dass er mal schnappte. Auffallend war dabei, dass er in diesen Momenten nicht mehr hören wollte. Er kam mir manchmal vor wie ich. Er hinterfragte die von mir gesetzten Grenzen, wie ich die der Polizei.

Es klingt in diesem Zusammenhang vielleicht seltsam, aber irgendwie fühlte ich mich beim Konflikt mit der Polizei oft geborgen. Mir setzte ja sonst niemand Grenzen in meinem Leben, und wenn es Vater Staat machte, war das für mich eventuell sozial notwendig. Vielleicht war das so, weil ich niemanden anderen hatte? So konnte ich mich an jemandem orientieren, fühlte mich lebendig und wichtig – vorausgesetzt, es lief fair und für mich nachvollziehbar ab. Willkür strafte ich mit Uneinsichtigkeit oder Aggression – genauso wie mein Freund Rosco.

Die anderen Punker waren weg, bestimmt waren es Wochenend-Punks – Punker aus den Wohlstandsschichten, die nach der Schule oder Arbeit am Wochenende ein Abenteuer suchten. Da wurde die Punk-Klamotte ausgepackt, angezogen, der gute Ton vergessen und fertig war der Wochenend-Punk.

Ich schaute wieder nach unten auf Mücke, der sich mittlerweile von der Passage nach hinten auf den Grünstreifen verzogen hatte und schlief. Sein Hund lief herum und markierte Ecken. Er hielt sich aber immer in einem nicht allzu weit entfernten Radius von Mücke auf. Er lief auch mal zu fremden Hunden, aber nicht zu nah, schnüffelte und trabte wieder in Richtung seines Menschen. Es sah witzig aus, wie sehr sich

Mückes Hund an seinem schlafenden Menschen orientierte. Es machte den Eindruck, als ob er auf Mücke aufpasste, da er immer wieder die Umgebung mit Blicken zu kontrollieren schien. So ähnlich war es bei Rosco und mir wohl auch, wenn ich schlief.

Ich erinnere mich an eine weitere, in meinen Augen sehr skurrile Situation am Bahnhof. Dort nahm ich eine Dame wahr, die von einem Mann, vermutlich ihrem Lebensgefährten, mit einem Hund abgeholt wurde. Sie war bestimmt länger verreist gewesen. Der Hund quietschte und die Frau quietschte, der Mann stand verloren daneben. Diese Szene wirkte auf mich abstoßend und befremdlich. Bei Welpen machte ich auch mal juchzende und lockende Geräusche, aber das dort wirkte abartig. Sie ließ sich sogar ihre Mundhöhle von dem kleinen, weißen, fluffigen Hund schlecken. Ich stellte mir vor, wo der Hund sich vorher überall geleckt hatte, und es widerte mich regelrecht an.

Der Hund sah richtig gestylt aus, als ob er Haarspray im Fell hatte. Am Hals trug er ein rotes Halsband, das mit Strasssteinen bestückt war. Es funkelte und glitzerte, wie ein Schmuckstück. Der Mann dagegen wirkte wie eine graue Maus. Ob diese Leute glücklich waren? Vorübergehende Menschen schüttelten teilweise die Köpfe über dieses auffällige und lautstarke Szenario. Nach gefühlten zehn Minuten Begrüßungszeremonie fiel der Frau anscheinend das andere Ende der Leine auf, an dem ihr Lebensgefährte immer noch wartend verharrte. Jetzt bekam er einen flüchtigen Kuss auf den Mund. Ein kurzer Moment, in dem sie sich wohl auch mit Worten begrüßten, und schon wandte sie sich wieder ihrem Vierbeiner zu. Die Leine hatte sie sich nun angeeignet, und ihr Typ durfte den Koffer tragen.

Das Leben mit Rosco war anfangs nicht so einfach, wie ich es mir vorgestellt hatte. Am ersten Tag versuchte er, mir ins

Gesicht zu beißen, als ich ihn umarmen wollte. Da habe ich ihm einfach eine gescheuert, ohne großartig darüber nachzudenken, ob das seiner Psyche guttat oder nicht. Er wollte mich danach nie wieder beißen, im Gegenteil, er wurde zu meinem besten Freund.

Damit ich meinen mich seit Wochen plagenden Schwindel vergessen konnte, hatte ich mich die meiste Zeit mit Rosco beschäftigt. Ich war viel in der Natur spazieren gegangen und hatte die Innenstadt so gut wie möglich gemieden. Es war Frühsommer, das tat meiner Psyche enorm gut. Nach nur kurzer Zeit mit Rosco war mein Schwindel, so schnell er gekommen war, auch wieder verschwunden. Das hatte ich zum größten Teil diesem Hund zu verdanken. Ich hatte einfach keine Zeit mehr, mich um diese Krankheit zu kümmern, denn ich hatte endlich wieder einen Sinn im Leben gefunden – jemanden, um den ich mich kümmern konnte.

Wie schlimm müssen sich alte Menschen fühlen, die wirklich niemanden mehr haben? Und wie wunderbar muss es sein, wenn ein kleiner Hund ihnen Gesellschaft leistet. Viel zu viele Menschen sind sehr vereinsamt – vielleicht gerade in Ländern wie Deutschland. Ähnlich einsam hatte ich mich mit meiner »Krankheit« gefühlt – unendlich allein und in mir selbst verloren.

So hatte ich, lange bevor der Begriff Therapiehund in Deutschland gebräuchlich wurde, die tatsächliche positive Wirkung kennengelernt, die ein Hund auf einen kranken Menschen ausüben konnte. Ein Hund bohrte nicht in seelischen Wunden herum, fragte nicht ständig nach, was los war, und gab einem nicht die Schuld an Dingen, die man womöglich selbst verbockt hatte. Er sah einen nur an, hielt den Kopf schief, wenn man mit ihm sprach, und nahm die innere Stimmung seines Menschen scheinbar gut wahr – wie eine Art beruhigender Empfänger für das gesendete Chaos. So eine Funktion hatte also mein eigener Hund. Ein Hund, den keiner mehr haben wollte, hatte einen Menschen, den keiner mehr haben wollte. Wir passten zusammen wie die Faust aufs Auge.

Auch wenn ich Rosco hatte, traurig und nachdenklich war ich nach wie vor. Doch Zeit, mich erneut in mir selbst zu verlieren, hatte ich nicht mehr so viel. Ich musste schnorren und mich um ihn kümmern.

An einem Tag im Sommer brauchte ich unbedingt mehr Kohle, da am Abend ein »Konzi« war – der Auftritt einer Punk-Band. Das bedeutete, dass ich Rosco irgendwo unterbringen musste, da die Mucke viel zu laut für seine empfindlichen Ohren gewesen wäre. Nur wohin sollte ich ihn bringen? Vielleicht würden ja ein paar Wochenend-Punks kommen, die für die Zeit aufpassten.

Es wurde Abend, endlich! Die ersten Punker trafen ein, auch die Wochenend-Punks. Ich blickte mich um und filterte schon die ersten Kollegen heraus, die mir vielleicht nützlich sein könnten. Die einen hatten Bier oder andere alkoholische Getränke dabei, andere Zigaretten und wichtig: Mucke aus dem Kassettenrekorder. Diese Konsorten waren mir am liebsten, da gab es meistens alles, was ich benötigte. Das klingt vielleicht hart und herzlos, war es aber nicht. Mir ging es nicht so gut wie diesen Leuten und sie waren wiederum froh, mit einem echten Straßenpunk einen trinken zu können – eine Symbiose, so in etwa jedenfalls.

Die ersten Polizeifahrzeuge waren auch schon versammelt. USK nannte man die Herren in den Kampfanzügen, was nichts anderes hieß als Unterstützungskommando. Diese Sorte von Polizei wurde speziell für Konfliktsituationen bereitgestellt. Ob Hooligans, Demonstranten oder eben bei Szenekonzerten: »Keine Feier ohne Geier«, sagten wir. Was ich an den Wochenend-Punks nicht so mochte, war ihre ständige Konfliktsuche mit der Polizei. Das konnte ich nicht gebrauchen, zu gut kannte ich die Folgen! Deshalb sonderte ich mich später meistens ab, wenn es mein Alkoholpegel noch zuließ. Wenn ich mich besonders gut anstellte, bekam ich eventuell auch noch ein »Girl« ab und es war mit viel Glück eine Nacht in einem warmen Bett gesichert. Manchmal waren es auch ein paar Tage.

Und da hatte ich sie auch schon gesehen, eine bezaubernde Frau. Schwarz-blond gefärbte Haare, nicht so ganz Punk, mehr in Richtung Grufti, aber wunderschön! Sie hatte strahlend blaue Augen und ein Lächeln, das in mir eine kleine Sonne aufgehen ließ. Sie saß mit einer anderen jungen Frau auf der Treppe und sie unterhielten sich angeregt. Also nahm ich allen Mut zusammen und fragte sie, ob sie mir ein Bier ausgeben wolle. Beide schauten ein wenig verdutzt, mussten schließlich lachen und gaben mir Geld für Bier. Ich sollte ihnen aber jeweils eins mitbringen.

Den Job machte ich sofort und gerne. Das Bier holte und übergab ich, die Restkohle durfte ich behalten. Wie erhofft, kamen wir ins Gespräch. Von ihrer Freundin hatte ich wenig mitbekommen; sie erschien mir gegenüber dieser Schönheit wie ein Schattengewächs. Meine Angebetete hieß Claudia, hatte eine Lehre zur Schneiderin gemacht und war aus dem schwäbischen Raum gekommen. Sie zischte beim Reden. Es war immer ein »sch« in ihren Worten verpackt. Ich fand sie nicht nur hübsch, sondern echt süß. Und gleich war Konzi.

Ich öffnete meine Augen, mir dröhnte der Schädel. Neben mir lag Claudia im warmen Bett. Wie ich hierherkam oder wo genau ich war, daran konnte ich mich nicht erinnern. Auch nicht, wie Rosco wieder zu mir gekommen war. Auch das Konzert war irgendwie an mir vorübergegangen. Es war zwar dunkel, aber der Raum war durch die Lichter der Stadt hell genug, um einiges zu erkennen. Rosco schlief auf dem Teppich und schien ihn ebenso zu genießen wie ich das Bett. Sie schlief auch. Rosco hatte mitbekommen, dass ich wach war, wurde auch wach und fing sogleich an zu hecheln, immer mehr. Ich wollte weiterschlafen, er aber nicht. Er hechelte und hechelte. Schließlich stand er auf und begann, im Zimmer herumzulaufen. Ich wusste, was das bedeutet: Er musste mal – und ich war doch noch so besoffen! Außerdem war es mitten in der Nacht, draußen war es dunkel.

Innerlich gab ich mir einen Ruck und setzte mich auf die Bettkante. Angezogen war ich, also scheint nichts gelaufen zu sein. Mann, dröhnte mir der Schädel! Ich tastete mich am Boden zu meinen Stiefeln durch, schlupfte rein und wollte mit Rosco zur Tür kommen. Der wurde immer unruhiger und das Hecheln mehr. Ich leinte ihn lieber an, nicht, dass plötzlich jemand vor der Tür stand und mein Hund zum Schrecken der Nacht würde. Ich öffnete die große Holztür und versuchte, den fremden Treppengang schnell zu durchlaufen. Zu spät! Rosco blockierte mit seinen Beinen und senkte sein Hinterteil. Schockiert versuchte ich, ihn weiterzuziehen. Es gelang mir, ich zog diesen Hund hinter mir her. Mit dem Ergebnis, dass alles voll war mit schmierigem Durchfall! Wäre ich doch nur auf einem Fleck stehen geblieben, aber ich wollte ihn eben nach draußen schaffen. Dort angekommen, presste er das letzte Restchen heraus und ich überlegte schon, wie ich dieses Problem lösen konnte. Schließlich gefiel mir die Frau und ich wollte einen guten Eindruck hinterlassen. Nachteil Hund – in diesem Fall war er das. Ätzend!

Rosco schien fertig zu sein. Wütend ging ich die ganzen verschissenen Stufen wieder hoch. Der Gestank war bestialisch und beißend in der Nase. Rosco schien an diesem Geschehen nicht sonderlich interessiert zu sein, er wirkte im wahrsten Sinne des Wortes gelöst. Und ziemlich unbeeindruckt von dem Stress, der in mir hochkam, denn hinter den ganzen Türen, an denen ich vorbeilief, regten sich Stimmen und Gepolter. Bestimmt würden die Leute gleich zur Arbeit gehen, ich musste mich beeilen, den Scheiß beseitigen. Aber wie?

Ich hatte die Tür zu Claudias Wohnung offen gelassen. Hektisch suchte ich Klopapier, Tücher und schaffte es in einer Rekordzeit, Flur und Treppenaufgang passabel wiederherzustellen. Ein wenig Wasser darüber und die Bewohner würden gleich nur noch den üblen, nicht mehr zuzuordnenden Geruch wahrnehmen. Ich selbst verkrümelte mich auch lieber, wollte nicht, dass das Mädchen etwas merkte. Ich schämte mich ihr gegenüber heftig. So fertig ich auch aussah, für viele wie ein Stück Dreck, so hatte ich dennoch Reststolz in meiner Brust. Ich packte schnell meine Siebensachen und verduftete – im wahrsten Sinne des Wortes. Es war zwar sehr früh und es würde nichts geben da draußen, was mich aufmuntern konnte, nichts Schönes, das mich erwartete. Aber ich musste weg.

Teil II.
Menschenthemen – Hundethemen

Gemeinsam stark

»Die Straße hat ihre Sprache.«

Da ich am Tag nach dem Konzi alles andere als fit war, machte ich mich erst mal auf den Weg zu meinem Schlafplatz unter der Brücke. Dort angekommen und gerade gemütlich gemacht, sprang Rosco vor und knurrte. Ich konnte erkennen, dass es Ganja galt, dem Hund von Waisi, ebenfalls ein Straßenpunk. Da hörte ich auch schon Stimmen. Und die dazugehörenden Menschen schienen direkt auf die Brücke zuzulaufen. »Hi«, rülpste mir Waisi entgegen und das zweite »Hi« ließ mich Frank erkennen. Ein älterer Mann, der schon längere Zeit obdachlos war.

»Wo ist dein Hund?«, fragte ich Frank. »Der ist irgendwo dahinten«, antwortete er mir rau. »Haste Bock auf'n Bier?«, wollte Waisi wissen und erzählte mir, er habe gut schnorren können und der Vortag habe sich echt gelohnt für ihn. Waisi und Frank schliefen oft hier unter dieser Brücke – wie klischeehaft eigentlich. Aber der Verbund aus Obdachlosen machte uns gerade nachts weniger angreifbar. Drei Hunde und drei Menschen, das ergab sechs und eine Menge an Gegenwehr, sollte sich jemand überlegen, uns etwas tun zu wollen. Wir Straßenmenschen mieden körperliche Auseinandersetzungen so gut wie möglich, da wir es uns nicht leisten konnten, verletzt zu werden.

Zusammenhalt macht stark, das konnte ich auch bei den Hunden beobachten, wenn wir Punks uns beispielsweise im Park zusammengerottet haben, um einfach ein bisschen Gemeinschaft zu pflegen. Dann schlossen sich die Hunde auch zusammen und wenn jemand von außen kam, liefen die Hunde als Gruppe ein paar Meter vor, dem Eindringling entgegen.

Dabei war es egal, ob ein Mensch oder ein anderer Hund kam. Wenn die Hunde sich dabei zu sehr reinsteigerten, schrien wir sie an, und hörten sie dann nicht, flog irgendein Gegenstand in Richtung der Tiere. Meistens kapierten sie das dann.

Es konnte schon mal sehr laut werden, was auf andere Menschen wohl abstoßend wirkte. Nun, wir Punks konnten es uns nicht leisten, wenn sich die Tiere in der Gruppe gegenseitig hochpushten und uns dabei ignorierten. Würde einer unserer Hunde beispielsweise einen fremden Menschen anspringen und beschmutzen, wäre Ärger vorprogrammiert, und das wollten wir nicht. Keiner von uns konnte es gebrauchen, wenn der Hund nicht hörte und nur machte, was er wollte. Die meisten von uns liebten ihren Hund: Er war Begleiter, Freund und Familie. Zusätzlich hatte jeder unserer Hunde einen Job zu erfüllen. Er musste aufpassen und uns warnen können, uns schützen, sollte aber außerhalb dieser Konflikte fähig sein, sich zurückzunehmen. Und mit einem relativ zugänglichen Hund, der dabei auch noch süß und freundlich aussah, hatte man außerdem die Chance, mehr Geld zu schnorren.

Ja, Gemeinschaft machte stark. Zwar mit leerem Magen, dafür aber mit Bier, schien der Tag doch noch einigermaßen akzeptabel zu werden. Auf Waisi ist Verlass, auf ihn kann ich zählen und er hat mir schon in einigen schweren Stunden zur Seite gestanden. Ich ahnte, dass er noch mehr Bier in seinem Rucksack haben musste, und so teilten wir untereinander auf.

Unsere Hunde durften sich ohne Leine auf der Wiese vor der Brücke beschäftigen. Der Tag zog vorbei, es wurde später und später. Die Hunde liefen nicht weg und in der Dunkelheit wollte hier kein Mensch spazieren gehen. So plauderten wir im Schutz der Dunkelheit bis tief in die Nacht. Wahrscheinlich verbrachten die normalen Menschen solche Abende an einem Tisch, der im Wohnzimmer oder sonst wo steht. Ein gemütlicher Abend mit Freunden, so stellte ich mir das vor.

Hunde, die frei auf der Straße leben, warnen sich gegenseitig durch »Alarmbellen«. Es gibt verschiedene Arten des Bellens. Ungerichtetes, allgemeines Bellen, bei dem man einfach nur verkündet, man ist da. Das ist eher ein tiefes, langsames und monotones Bellen, bei dem jeder Laut gleich klingt.
Bellt ein Hund wie ein Maschinengewehr, ein schnelles, aufeinanderfolgendes Bellen, dann ist es gerichtetes Alarmbellen.
Schon mehrfach habe ich das bei meinen Reisen beobachten können. Vor einem Obdachlosen zum Beispiel, der bekannt dafür war, sehr grob zu den Hunden zu sein und auch mal Steine nach ihnen geschmissen hat, haben sich alle Hunde gegenseitig gewarnt. Am Bellen haben sie schon erkannt, worum oder um wen es ging, und kamen alle aus ihren Unterschlupfen und trieben den Mann weg. Da zeigt sich der Zusammenhalt der Hunde. Aber auch mit Menschen kann sich eine Art Kameradschaft entwickeln. Lkw-Fahrer machen sich die Hunde bei ihren nächtlichen Rasten zunutze, so wie ich übrigens auch. Wenn man müde war, fütterte man einfach einen oder mehrere Hunde und meist blieben sie dann über Nacht zuverlässig da. Und falls ein Fremder in Richtung Auto geht, bellen die Hunde oder vertreiben den Eindringling sogar.
Bulgarische Frauen berichteten mir, dass sie nachts, wenn sie von der Arbeit heimgehen, vor allem im Dunkeln oder im Winter, Hunde streichelten oder fütterten. Dann wurden sie von den Hunden durch den unheimlichen Park nach Hause begleitet. Die Hunde passten auf sie auf. Das hat allerdings nichts mit Liebe zu tun, das ist ein gegenseitiger Nutzen.
Auch wenn ich auf meinen Reisen Hunde gefilmt habe, haben manche mich schon nach ein paar Minuten verteidigt, als gehörte ich ihnen. Obwohl ich sie nicht mal gefüttert habe. Sie haben mich nach kürzester Zeit als Gefährten wahrgenommen. Aber es läuft nicht immer gut. Einen hatte ich mal mit meiner Kamera erschreckt, weil ich ihn beim Spielen filmte und wohl zu nah herankam. Da drehte er sich um und biss mir kurzerhand ins Bein.

Diese Hunde erhoffen sich Nahrung von dem LKW-Fahrer – und bieten ihm im Gegenzug vielleicht Nachtwache.

Eine andere Geschichte handelt von einem alten Kettenhund, von dem bekannt war, dass er in jungen Jahren viele Katzen getötet hatte. Er überraschte die Hundehalter und mich, als zwei kleine Kätzchen sich im Winter auf seinen Körper legten, um sich vor der Kälte zu schützen. Sie wärmten sich gegenseitig und waren sich nützlich. Der Alte und die Kätzchen, beide brauchten einander.
Immer wieder haben mich solche Szenen zum Nachdenken gebracht. Die Tiere differenzieren klar, ob sie einander brauchen oder nicht, und sie können erkennen, ob ein anderes Tier hilflos ist. Es entstehen klare Nutzgemeinschaften, aber auch Freundschaften und Zusammenhalt. Echte Kameradschaft eben.

Echte Kameradschaft zeigte sich bei uns Punks vor allem dann, wenn einer von uns gesucht wurde. »Nee, den kenne ich nicht«, lautete stets die Antwort, die man bekam. Meine Adoptivmutter hatte mich mal auf der Straße gesucht, da sie sich große Sorgen machte. Sie dachte nach all ihren Befragungen, ich sei tot. Das tat mir hinterher sehr leid. Aber das war gängig, das hat man so gemacht, wenn man nicht wusste, wer der Suchende war. Kann ja jede erzählen, dass sie die Mutter von einem von uns ist. Könnte ja auch eine Zivilpolizistin sein. Man sagte ihr auch Dinge wie: »Der lebt im Ausland und ist verschwunden.« Da hat sie richtig Angst bekommen! Bei manchen hat es aber auch gestimmt und es war wirklich jemand verschollen. Aber man hat sich nicht verraten. Die Straße hat ihre Sprache.

Wir haben auch Zuhälter getroffen oder Frauen auf dem Straßenstrich. Die eine war mal verliebt in mich, aber ich hatte nichts mit ihr. Auch die haben uns nicht verraten und umgekehrt auch wir sie nicht. Das waren ungeschriebene Regeln. Es galten die drei Affen: Nichts hören, nichts sehen, nicht reden. Sonst warst du schnell ein Zinker, ein Verräter. Damit konntest du die Stadt verlassen und warst durch.

Als Hausbesetzer in Berlin: Als ich krank war und mit Fieber irgendwo lag, hat mich mal einer versorgt, der Steffi. Einer der Homosexuellen. Die »Mutti« nannten wir ihn, denn er kümmerte sich gerne um uns. Ein bisschen tuntig war er zwar, aber sonst ein echt cooler Typ. Er machte mir Tee oder ein warmes Bier, hat manchmal auch gekocht für uns. Ich glaube, er hatte HIV. Er hat einen gerne verarscht und morgens so was gesagt wie: »Mensch, die Nacht mit dir war echt super.« Und man musste überlegen, ob da wirklich was gelaufen ist. Den Steffi haben wir auch geschützt. Also alle Leute, die uns versorgt oder Geld gegeben haben.

Da waren wir wie diese Hunde, die sich gegenseitig alarmiert haben, wenn Ärger auf uns zukam oder jemand konkret bedroht wurde. Teilweise passierte das mit handgekurbelten Alarmsirenen vom Dach aus. Und es ging dann blitzschnell, dass aus allen Ecken Leute kamen. Teilweise Hunderte! Wir haben uns alle geholfen. Und uns gegenseitig immer erst mal prophylaktisch gedeckt.

Ständiger Begleiter: Hunger

»Wenn ich selbst nicht stark genug war, dann konnte ich auch meinen Hund nicht ernähren.«

Ich hatte Hunger, deshalb schaute ich, wie viel Kohle ich noch in den Taschen hatte. Es war nicht viel und mir knurrte der Magen. Ich hasste es, einen leeren Magen und kein Geld zu haben. Oft, wenn ich schnell was zum Essen brauchte und es Wochenende war, hatte ich Appetit auf Döner. Mal was Warmes futtern, tat mir ab und an gut. Mir fehlte noch Geld und ich musste weiter schnorren. Ich nahm mir vor, unterwegs zum Dönerladen den Restbetrag zu organisieren. Nur irgendwie war die Luft raus, ich war müde, ich konnte nicht mehr »gute Miene zum bösen Spiel« machen.

»Kleingeld?«, fragte ich direkt und bekam überwiegend nur ein Kopfschütteln zur Antwort. Ich versuchte es weiter, doch ich erhielt kein Geld. Diese Reaktion der Menschen, die ich fragte, war verständlich. Gerade repräsentierte ich nichts, das unterstützungswürdig erschien. So verging Minute um Minute und siehe da, obwohl ich nicht gefragt hatte, drückte mir ein Vorbeilaufender eilig Geld in die Hand. Ich konnte nicht mal »Danke« sagen, schon war er weg. Mir egal. Ich schaute in meine Hand und hurra, ich hatte die Kohle zusammen, die ich für einen Döner brauchte.

Ich schlappte zum Dönerladen und stellte mich an das zur Straße geöffnete Verkaufsfenster. Der Imbissmitarbeiter fragte, was ich haben will. Gleich könnte ich meinem murrenden und knurrenden Magen das geben, wonach er inzwischen schrie. Bei der Aussicht darauf fühlte ich mich ein wenig besser.

Rosco hatte ich zum Bestellen etwas abseits angeleint, damit ich den Geschäftsbetrieb des Ladens nicht störte, schließlich wollte ich hier willkommen sein. Nun hing mir die Leine wieder über der linken Armbeuge. Fast zeitgleich bekam ich den Döner ausgehändigt, den ich ebenfalls mit links schnappte. Gerade wollte ich zubeißen, aber mit einem Mal ruckte es an der Leine. Mein Döner fiel runter! Rosco hatte einen anderen Hund gesehen und wollte ihn wohl auf Abstand halten, indem er bellend und knurrend auf ihn zugesprungen war. Ich konnte nicht schnell genug reagieren, da drehte sich mein Köter blitzschnell in Richtung Döner um und schlang ihn gierig, beinahe am Stück in sich hinein.

Jetzt reichte es! Ich gab Rosco einen leichten Tritt und brüllte ihn an. Er zog die Ohren ein und duckte sich, fraß aber trotzdem schnell den letzten Brocken vom Döner. »Du Arschloch!«, schrie ich ihn an und schleuderte das Ende der Leine auf ihn, die eben noch ums Handgelenk hing. Er winselte und lief mit eingezogenem Schwanz ein paar Meter von mir weg. Da erst bemerkte ich ein paar Passanten, die mich anstarrten. Einer rief laut: »Tierquäler, dir sollte man den Hund abnehmen!« »Halt's Maul!«, rief ich zurück, meinen guten Vorsatz vergessend, hier nicht aufzufallen. Dass der Hund gerade meinen Döner gefressen hat, hatten diese Leute wohl nicht bemerkt. Sie registrierten nur meinen Fußtritt, hörten mich brüllen, sahen den Hund mit eingezogener Rute flüchten und ihr Kopfkino war aktiviert. Film ab, Urteil gefällt. Keiner kam auf die Idee, zu hinterfragen, was sie gesehen hatten. Was erwartete ich auch? So, wie ich Menschen kennengelernt hatte, hinterfragten die wenigsten etwas. Mir ging es garantiert nicht darum, meinen Hund zu quälen. Hier ging es um Nahrung. Warum verstand mich bloß niemand?

Mir fiel ein, wie ich mal von Leuten, die für einen Fernsehsender arbeiteten, mit etwas Warmem zu essen gelockt wurde.

Eine Band mit dem Namen »Die Toten Hosen« sei am Abend im Studio und sie bräuchten ein paar Punker, die den Zuschauern mit schlecht nachgesungenen Texten schon mal einheizen sollten. Das war ein ähnlicher Hungerfall wie beim Döner und ich willigte ein. Es war schon ein wenig makaber, als ich in diesem Studio zusammen mit ein paar anderen Straßenpunks »eisgekühlter Bommerlunder, Bommerlunder eisgekühlt« sang. Dieser Song stammte von der besagten Band, die für mich zur Kategorie Funpunk zählte. Nicht schlecht bei guter Stimmung oder wenn es einem nicht allzu mies ging.

Wo kriegte ich jetzt bloß noch was für zwischen die Kauleisten her? Mein Magen machte mir echt zu schaffen und auf Schnorren hatte ich jetzt keine Lust, dazu ging es mir zu schlecht. Ich erschrak, da aus einem Hinterhof plötzlich ein Hund gegen das Eisentor sprang, an dem ich vorüberlief. Er sah groß und stark aus. Ich glaube, es war ein Rottweiler. Als der Hund bemerkte, dass ich zwar erschrocken war, mich aber aufgrund meines Hungers nicht auf meine Angst konzentrieren und darin verlieren konnte, wurde er sofort wieder ruhig und sah mir vermutlich nur noch nach. Rosco zeigte sich ebenfalls wenig beeindruckt. Er kannte die Hunde der Sesshaften sowie deren Reaktionen auf andere Hunde und uns Menschen zu gut. Ich musste an die Leute denken, die sich über ihre Nachbarn aufregten. So etwas habe ich oft mitbekommen bei meinen Beobachtungen von Menschen. Ein wenig musste ich Schmunzeln: »Der Rottweiler ist der typische Deutsche«, dachte ich mir.

In der Innenstadt hatte ich bestimmt die Chance auf etwas zum Essen. Auch wenn die Läden geschlossen waren, die Würstchenbuden hatten immer geöffnet. Jetzt hatte ich aber schon sämtliche Wurstbuden abgeklappert und es sah nicht so aus, als ob ich hier heute meinen Hunger stillen konnte. Also Plan B, Fastfood-Restaurant. Manchmal hatte man dort Glück und bekam etwas ab. Das war nicht weit und ich schnell da. Durch die Scheibe sah ich, wie ein junges Pärchen seinen Hund mit einem ganzen Burger fütterte. »So ein Sack«, dachte ich bei mir. Meinen Blick zu Rosco neigend hatte ich das Gefühl, dass er Ähnliches dachte, denn seine Augen fixierten den Burger genauso wie meine, obwohl er ja schon Döner hatte. Hunger …!

So gut ich nur konnte, rang ich mich durch und schnorrte abermals nach Geld. Zwischendurch fragte ich auch mal, ob mir einer 'nen Burger kaufen könnte. Aber nichts, niemand wollte mir etwas gönnen. Mein letzter Versuch: Die Menschen hinter der Scheibe beobachten, vielleicht ließ jemand was übrig. Die Normalen haben sich manchmal so satt gegessen, dass sie ein paar Pommes oder Reste von den Burgern nicht mehr schafften und diese auf dem Tablett liegen ließen. Dann wartete ich immer, bis sie das Tablett in das Regal auf Rädern schoben und schlüpfte schnell in den Laden. Drinnen eilte ich dann hin und schnappte mir die Reste.

Ich musste gar nicht lange warten, da ließ ein Kind seinen halben Burger liegen. Gesagt, getan, huschte ich rein und griff mir das gute Stück. »Hey!«, schallte mir schon ein barscher Ruf entgegen. »Hau ab hier!« Mit meiner Beute in der Hand sah ich zu, dass ich rauskam, und stopfte mir das am Ende doch sehr kleine Stück Burger in den Mund. Die Reste von Kindern nahm ich lieber, bei Erwachsenen hatte ich oft Ekel. Rosco schaute mich mit großen Augen an. Ich tätschelte ihm über den Kopf und lief weiter. Er hatte jetzt nichts bekommen, aber ich musste auch auf mich selbst achten. Wenn ich selbst nicht stark genug war, dann konnte ich auch den Hund nicht ernähren.

Bei Hundenahrung wird uns Menschen durch die Futtermittelindustrie so einiges vorgelegt. Das Angebot ist für Laien kaum über-

schaubar und für manche ist selbst das Beste nicht gut genug. Versprechen geben alle Hersteller. Auffällig dabei ist die Anpassung an menschliche Trends wie Bio- oder vegane Lebensmittel. Die Industrie versteht ihr Geschäft und durch passende Werbeslogans wird dem Kunden die Einzigartigkeit des Produkts verständlich eingeredet. Die einzelnen Hersteller von Tiernahrung schwören auf ihre Zusätze und verwenden selbstverständlich nur hochwertigste Zutaten für die Nahrungsmittel.

Straßenhunde ernähren sich von Abfällen, also den Essensresten der Menschen. Diese Nahrungsreste sind nicht immer frisch, gerade im Sommer vergammeln sie schnell. Straßenhunde vertragen diese Form der Ernährung augenscheinlich gut und werden zum Teil erstaunlich alt. Kaum sind diese Tiere in einem westlichen Land angekommen und bekommen vermeintlich bestes Hundefutter, entwickeln nicht wenige Tiere Nahrungsmittelunverträglichkeiten oder Allergien. Da wird kein Rind, Lamm oder Getreide mehr vertragen und die Fütterung gestaltet sich für den neuen Halter schwierig. Wie lässt sich das erklären? Zuvor haben diese Hunde gefressen, was sie vor die Schnauze bekommen haben. Ein alter Kettenhund, den ich über Jahre beobachten konnte, wurde trotz fast ausschließlicher Fütterung mit trockenem Brot vierzehn Jahre alt. Und nicht jede Scheibe war schimmelfrei.

Plötzliches eingesperrt sein, Umgebungswechsel, Trennung von anderen Hunden, Leben nach unseren Regeln, an der Leine sein und erzwungene Nähe zu uns Menschen löst enormen Stress aus. Stress kann schlimmes Leid verursachen und zieht nicht selten einen Rattenschwanz an pathologischen Symptomen hinter sich her. Stress schwächt das Immunsystem und das ist der ideale Nährboden für Parasiten, Krankheitserreger oder stressbedingte Allergien.

Oberflächlich betrachtet, haben Straßenhunde nur ein geringes Nahrungsangebot. Sie suchen nach dem, was die Menschen zurücklassen – und das ist nun mal Müll. Ob an Parkplätzen, Rast-

anlagen, den Müllcontainern der Wohnblöcke oder auf ganzen Mülldeponien. Überall wo Müll ist, können Hunde beobachtet werden, die nach Futter suchen. Näher betrachtet, ist es erstaunlich, mit welcher Präzision Müllsäcke oder Tüten zerpflückt werden. Die Hunde setzen dabei die Vorderpfoten, Fang-, Vorder- und Reißzähne ein. Die Zunge tastet sich zwischen scharfkantigen Metalldosen ihren Weg zu den Speiseresten vor. Glasscherben, Metall, scharfkantige Knochensplitter, Plastik, Chemie und so einiges mehr befindet sich im menschlichen Abfall. Verletzungen werden bei der Suche riskiert, doch erstaunlicherweise passiert selten etwas.

Beim Thema Ernährung der Straßenhunde lohnt sich sogar ein Blick weit zurück, denn Straßenhunde sind ja kein Phänomen der Neuzeit. Es gibt sie schon lange, das belegen alte Gemälde oder historische Schriftstücke. Es gab immer einerseits freilebende Hunde, andererseits Hunde in der Obhut von Menschen. Die alten Texte der Bibel weisen darauf hin, dass sich die freilebenden Hunde in

Dieser Streuner hat einen schmackhaften Knochen bei seiner Suche nach Nahrung gefunden.

der Nähe von Menschen aufgehalten haben, so wie in der heutigen Zeit auch. Es werden Hunde erwähnt und schon da Unterschiede in ihrer Lebensweise gemacht: »Draußen sind die Hunde« oder »Sehet auf die Hunde« sind Textstellen, die mit hoher Wahrscheinlichkeit auf Straßenhunde hinweisen.
Wenn Menschen seinerzeit mit Hunden oder toten Hunden verglichen wurden, war das eine schlimme Beleidigung der Persönlichkeit. Denn Straßenhunde ernähren sich von Aas und Abfall, heute wie damals. Unrat wird auf die Straße geschmissen und Hunde fressen Nahrungsabfälle. So waren es auch Hunde, die den Körper von Isebel fraßen und das Blut von Naboth und Ahab aufleckten (1. Kö 21,19; 22,38; 2. Kö 9,36).
Verhaltensweisen, die auch heute noch zu beobachten sind. Wenn Hunde zum Beispiel bei einer Wohnungsöffnung durch die Feuerwehr mit der menschlichen Leiche ihres Besitzers gefunden werden, sind die Körper der ehemaligen Halter nicht selten angefressen. Was sollen die Hunde auch tun, wollen sie überleben? Es siegt der Selbsterhaltungswille in Form von Hunger. Wer Hunde mit rohem Fleisch füttert, der weiß auch, dass diese noch das Blut vom Boden lecken, da es doch wichtige Nährstoffe enthält.
Eine andere Stelle in der Heiligen Schrift weist eventuell auf die Haltung von Haushunden hin: »Und doch fressen die Hunde von den Brotkrumen, die von dem Tisch ihrer Herrscher fallen.« (Matthäus 15, Vers 27–28).

Stets ein Auge wacht

»Niemand kann sich so richtig vorstellen, wie wichtig Zweckmäßigkeit für eine Beziehung werden kann.«

Erst mal weg hier, denn einmal aufgefallen, konnte auch schnell mal die Polizei auftauchen. Und die konnte ich jetzt am wenigsten gebrauchen. Ich war müde und hatte keine Lust mehr zu schnorren. Meinen Hunger vergessend, ging ich in Richtung meines Schlafplatzes. Doch vorher noch meine Sachen aus den Büschen holen, denn meinen Schlafsack musste ich verstecken. Andere Obdachlose könnten diesen ebenso gut gebrauchen und mir meinen abrippen, also stehlen. Manchmal entsorgte auch die Stadt Dinge einfach als Abfall oder Unrat. Für mich war das wie Diebstahl auf Staatskosten mit unangenehmen Folgen für mich und meine Natur. Frieren wollte schließlich niemand. Ein Schlafsack hielt einen warm und war zugleich ein kleiner Bettersatz.

Die Kleiderkammer der Stadt, eine soziale Einrichtung für Hilfsbedürftige, gab ab und an Schlafsäcke gegen Unterschrift an Obdachlose ab. Ich hatte mir bewusst einen ausrangierten Schlafsack vom Militär ausgesucht. Dieser hatte Ärmel und etwa auf Kniehöhe befand sich ein Reißverschluss, der immer offen blieb. Wenn Gefahr drohte, konnte ich schnell abhauen und musste mich nicht erst noch mühselig aus dem Stoff befreien. Manchmal, wenn es warm war, band ich mir das Ende der Hundeleine um einen Fuß, damit ich wach wurde, sollte der Hund ziehen. Denn es könnte sich jemand nähern. Und ich wollte nicht im Schlaf überrascht werden.

Ich legte mich unter der Brücke ab. Ziemlich dicht am alten Gemäuer, sodass man mich nicht sofort sehen konnte. Tarnung war wichtig. Nicht auffallen, damit man in Ruhe und Sicherheit lebte. Rosco kannte diese Situation gut, denn von ihm forderte ich das Gleiche ein: Er durfte zumindest tagsüber nicht voreilig bellen, außer jemand kam plötzlich und unerwartet auf mich zu. Er sollte mein vierbeiniges Stoppschild sein. Gerade in den Schlafsack gehüllt, fing Rosco erst das Wuffen und dann das Bellen an. Nachts durfte er das kurz, um mich zu warnen. Ich signalisierte ihm, dass er leise sein sollte. Tat ich das, war er zwar nicht sofort komplett still, aber wuffte nur noch leise vor sich hin. Damit konnte ich gut leben.

Ein guter Schlafplatz ist beim Leben auf der Straße sehr wichtig, um auch mal Ruhe zu haben. Meinen geborgenen Platz unter der Brücke teilte ich mir lange Zeit mit einem anderen Obdachlosen, der jahrelang nicht mehr mit Menschen gesprochen hatte. Bei mir hat er wieder damit angefangen. Leider. Ein uralter Penner, der ständig irgendwelche Alkoholfantasien hatte und immer behauptete, ich sei sein Sohn. Aber gute Tipps hatte er! Wenn man sich zum Beispiel im Winter mit Schnee einreibt und dann nur mit Unterhose bekleidet in den Schlafsack schlüpft, dann friert man nicht so arg. Von ihm lernte ich auch, mit einer Hundefutterdose einen guten Kocher zu basteln. Nur ein bisschen Sand dazu, etwas Spiritus, ein paar Löcher in der Dose und schon lassen sich darüber super Spaghetti kochen. In Zeiten von Social Media würde man wohl sagen: Folgt mir für weitere Life Hacks …

Ich war geschlaucht, aber einschlafen konnte ich trotzdem nicht richtig. Also lag ich noch ziemlich lange wach und dachte wieder einmal über mein Leben und all das Erlebte nach. Es herrschten einigermaßen angenehme Temperaturen, doch mir graute es bereits da vor der kälteren Jahreszeit. Dann musste ich mich ganz eng an meinen Hund anschmiegen. Ein zweckmäßiges Kuscheln, ja, so könnte man es nennen. Ich glaube, niemand kann sich so richtig vorstellen, wie wichtig Zweckmäßigkeit für eine Beziehung werden kann. Ich liebe ihn, dachte ich mir, und drehte mich auf seine Seite. Oft fühlte ich mich unnahbar und mimte für fremde Menschen den coolen Typen. Und es musste ja auch sein, ich wollte nicht noch mal verletzt werden im Leben. Nur in Momenten wie gerade diesem, nüchtern, affig – auf Alkoholentzug – und verletzlich, fiel mir wieder auf, wie einsam ich eigentlich wirklich war. Was mir blieb, war tatsächlich nur dieser Fellberg, der neben mir lag und schnarchte. Obwohl sich eine Träne aus meinem Auge drückte, lächelte ich bei seinem Anblick.

Ich schreckte auf, irgendwas hatte geknallt. Meine Hand tastete sofort nach Rosco, der Gott sei Dank noch da war. Ich muss lange geschlafen haben, dem Tageslicht nach musste es später Nachmittag, bald Abend sein. Ich besaß keine Uhr und hatte gut gelernt, mich an bestimmten Signalen zu orientieren, die mir Tages- und Nachtzeiten aufzeigten. Mein Kopfweh war weg. Was blieb, war ein undefinierbares Gefühl. Ich setzte mich hin, während Rosco mit erhobenem Kopf schnüffelnd die Nase in den Wind hielt. Vermutlich hatte er Hunger und roch die Würstchenbuden der Stadt. Mir erschien es oft so, als ob seine Nase die Gerüche in richtige Bilder umwandelte. Er wusste genau, um was es sich handelte, was er da in der Nase hatte. Sofort fiel mir mein leerer Magen wieder ein. Dieser antwortete direkt mit einem lauten Knurren.

Es half alles nichts, ich musste aufstehen und unbedingt etwas zum Essen organisieren. Mein treuer Hund stand auch mit auf und schüttelte sich. Den Schlafsack ließ ich liegen, positionierte ihn nur als Wurst eingedreht ziemlich nah an der Wand. Jetzt schüttete ich mit den Händen nur noch ein wenig Kies darauf. Er war so ganz passabel getarnt und die sicherlich bald kommende Dunkelheit tat das Übrige. Ich hatte mit Stiefeln geschlafen. Das mochte ich nicht so gerne, aber der Umstand wollte es so.

Schlaftrunken leinte ich meinen Hund ab und ließ ihn laufen. Er entfernte sich nie sonderlich weit, immer nur 20, höchstens 40 Meter, denn weiter weg wollte ich ihn nicht lassen. Rannte er weiter, warf ich ihm etwas nach. Manchmal schimpften dann die Normalen mit mir, was ich nicht nachvollziehen konnte. Ich verletzte ihn ja nicht. Wie die das wohl lösten? Mir fielen wieder die Würstchen ein und mit ihnen mein Hunger. Meine Hoffnung, dass die Geschäfte noch offen hatten, bestätigte sich nicht. Ich hatte wohl doch etwas zu lange geschlafen. Da standen wir nun, Hund und Mensch, beide mit 'nem Riesenhunger. Was hätte ich in dieser Situation alles für Würstchen getan …

Hunde, die auf der Straße heranwachsen, sind mit allen Wassern gewaschen. Sie wissen um das Überleben. Sie wissen, wann und wie sie an Nahrung kommen und wo es die angenehmsten Versteckmöglichkeiten gibt. Entgegen unserer menschlichen Vorstellung sind diese Hunde in der Lage, sich an die verschiedenen klimatischen Bedingungen zu gewöhnen. Da diese Tiere Tag und Nacht zu jeder Jahreszeit draußen leben, hat sich ihr ganzer Organismus darauf eingestellt. Selbst der kalte Winter kann ihnen kaum etwas anhaben. Außer ein Hund wird von jetzt auf gleich von der warmen Wohnung auf die Straße gesetzt.

Doch im Balkan zum Beispiel leben Hunde selten in der Wohnung. Die meisten müssen draußen schlafen. Und selbst wenn ein Hund im Winter ausgesetzt wird, ist bei einer gewissen Pfiffigkeit und körperlichen Fitness ein Überleben wahrscheinlich. Hunde sind keine Menschen und verstehen es, ihre Bedürfnisse auf ein Minimum einzuschränken.

Wie oft habe ich in anderen Ländern Hunde beobachtet, die bei Regen irgendwo im Trockenen lagen. Sie sind ja nicht doof, sie werden schon einen geschützten Platz suchen – und finden. Dabei

bemerke ich, wie oft wir unseren Hunden die Chance nehmen, selbst Lösungen für Probleme zu finden.
Meine Hündin legt sich manchmal irgendwo hin, an den unmöglichsten Stellen, bequem oder unbequem. Geschützt oder ungeschützt. Ich lasse ihr diese Entscheidung auch.
Manche Hunde machen sich beim Thema Liegeplätze und Schlaf auch die Arbeit des Menschen zunutze, legen sich etwa auf einen frisch zusammengekehrten Laubhaufen. Wie einer, den ich ›der Hundertjährige‹ taufte, denn er war ein uralter Hund. Wenn der so alt werden kann, ist es ein Hinweis darauf, dass er gesund, besonders klug ist – oder es in dieser Region keine gezielten Tötungsaktionen von Straßenhunden gab.
Mancherorts werden auch Kartonagen für die Straßenhunde und -katzen hingestellt, die dankbar angenommen werden. Wenn ein altes Sofa ausrangiert und von einem Hund gefunden wird, so wird auch dies als Liegeplatz genutzt. Gemütlich und perfekt erhöht für den guten Überblick.

Von Menschen ausgemusterte Möbel – ein willkommener Schlafplatz für Straßentiere.

Geschärfte Sinne

»Manchmal kam ich mir schon selbst vor wie ein Hund …«

Ich habe nie ein richtiges Familienleben erfahren dürfen. Seit meiner Geburt lebte ich ein Leben am Rande der normalen Gesellschaft. Keine Ahnung, ob ich das verdrängte oder ob es mir tatsächlich wenig ausmachte? Ich genoss das Hier und Jetzt mit all dem Guten und Schlechten. Dazu zählte ich nicht nur das, was ich sah, sondern auch das, was ich riechen und spüren konnte. Manchmal kam ich mir schon selbst vor wie ein Hund, denn ich griff auf Sinne zurück, die für andere Menschen wahrscheinlich weniger bedeuten. Das ging so weit, dass ich in Gefahrensituationen wach wurde, noch bevor die eigentliche Gefahr da war. Das ist bis heute so geblieben. Wenn ich zum Beispiel schlief, erwachte ich, obwohl die Polizei oder andere Menschen erst Minuten später auftauchten.

Auch mein Gehör scheint sich über die Jahre geschärft zu haben. Ich hörte Dinge, von denen andere Menschen wenig bis gar nichts mitbekamen. Rosco konnte das noch viel besser, ohne Zweifel. Er rettete mir in vielen Situationen meine Haut. So lernte ich dank meiner Sinne seine körpersprachlichen Signale exzellent einzuschätzen. Ich wusste genau, wann er angespannt war und wann er sich wohlfühlte.

Bei den Menschen, die ich beobachten konnte, fiel mir auf, dass sie diese Signale nicht so wahrnehmen konnten wie ich. Mir kam die Frau mit diesem großen Hund in den Sinn, der mit dem traurigen und hilflosen Blick. Warum beobachtete sie ihren Hund nicht ein wenig besser? Dann müsste ihr doch einiges auffallen. Eigentlich …

Hund oder Mensch – wer gibt eher Anlass zur Sorge?

Es gibt leider Menschen, die nur wahrnehmen, was sie wahrnehmen wollen, und blenden aus, was unangenehm ist. Liegt zum Beispiel ein aus Menschensicht armer Hund mit traurigem Blick auf der Straße in Rumänien und beobachtet, wird direkt interpretiert. »Der wartet bestimmt auf seine Rettung!« – Oder der hat bestimmt Hunger. Das sehen die Menschen und machen sich darüber Gedanken.

Was mich irritiert, ist, dass manche Menschen sich mehr Gedanken über einen Straßenhund machen, als über einen Bettler, der vielleicht in einiger Entfernung ebenfalls auf der Straße liegt. Das wirkliche Elend wird leider oft ausgeblendet. Über einen lahmen oder blinden Hund kreisen die Gedanken, was ihm wohl passiert sein mag. Macht man sich die gleichen Gedanken auch über den Bettler?

Dabei sind die Menschen in Ländern wie Bulgarien oder Rumänien häufig arm, teilweise krank, bleiben unbehandelt, weil sie sich medizinische Versorgung nicht leisten können.

So sauber wie nötig

»Uns ist es nicht so aufgefallen, in welchem Zustand wir waren.«

Im Kinderheim haben sie so auf Hygiene geachtet, dass wir teilweise weinen mussten. Von zu heiß baden über grobes Zähneputzen bis hin zu ruppigem Bürsten, bei dem es egal war, wie viele Haare ausrissen oder wie sehr es ziepte. Auch das Waschen war heftig und unsanft. Wir Kinder wurden einfach mit dem Waschlappen abgerubbelt. Das war noch anders, ein bisschen wie Fließbandarbeit. Da wurde nicht sehr auf uns Kinder eingegangen oder auf unsere Bedürfnisse oder Befindlichkeiten geachtet. Wenn das Zähneputzen während einer Schicht mal ausfiel, dann war das halt so. Aber es gab auch ein paar empathischere Nonnen. Zumindest hatte ich das Glück, dass ich meist bei diesen landete.

Was wir später dann auf der Straße alle gemeinsam hatten, Waisi, Frank & Co. und ich: die Sache mit der Hygiene. Nicht jeder nahm es damit genau. Ich auch nicht. Beim Leben auf der Straße geht es auch um weiß Gott anderes, als frisch geduscht zu sein. Oder seine Kleidung zu waschen. Ohne festen Wohnsitz ist es nun mal schwer, sauber zu bleiben. Und selbst wenn wir einen Ort aufgetan hatten, an dem wir uns ab und zu mal eine »Katzenwäsche« oder eine Dusche gönnen konnten, kamen wir ja immer wieder in Kontakt mit neuen Bazillen, Erregern oder Krätzmilben. So etwas wie der Waschsalon war ein seltenes Vergnügen. Das mühsam zusammengeschnorrte Geld musste schließlich zum Essen für mich, meinen Hund und Alk ausreichen. Zum Wäschewaschen war es mir zu schade.

Wen wundert es also, dass sich kleine Parasiten wie Kleiderläuse fast mühelos vermehren konnten. Auf der Straße entlaust man sich selten. Kaum hast du eine Ladung weggesammelt oder weggewaschen, kommen die nächsten Blutsauger an und machen es sich auf dir, in deinen Haaren oder deinen Sachen bequem. Kleiderläuse, Filzläuse oder Skabies (also Krätze). Das waren meine häufigen Begleiter auf der Straße. Ich bekam Ähnliches, was ein Hund auch haben konnte. Besonders hoch war das Risiko einer Ansteckung mit Parasiten beim Kontakt zu anderen Straßenmenschen – sei es in Gemeinschaftsunterkünften oder wenn wir uns einen Schlafsack teilten. Die Nähe, die dabei entstand, brachte nicht nur Verbundenheit, sondern oft auch ungewollte Mitbewohner mit sich.

Hilfe wurde uns auch mal durch Mönche oder Kirchen angeboten. Wir konnten dort die Rituale mitmachen und bekamen dafür Essen. Es gab auch noch die öffentlichen, durch Streetworker betreuten, stationären Einrichtungen für Obdachlose oder Straßenkids. Da zum Beispiel konnten wir mal duschen. Oder auch Kleidung waschen oder in so einen hoch erhitzbaren Ofen legen. Dadurch wurden die ganzen Nissen der Kleiderläuse abgetötet. Wir bekamen auch Jacutin gegen Krätzmilben oder Goldgeist gegen Läuse. Und manchmal Essen.

Neue Klamotten haben wir uns eher aus Altkleidersäcken geholt und mit anderen Punks getauscht. Tatsächlich haben wir uns aber auch durch Überfälle auf rivalisierende Gangs ganze Ausstattungen beschafft. So konnte man sich quasi »neu einkleiden« mit Schuhen, Jacke und was man eben gerade so benötigte.

Auch Straßenkindern geht es so, ob in Deutschland, Rumänien oder Bulgarien – Parasiten und durch sie hervorgerufene Krankheiten sind allgegenwärtig. Besonders verheerend sind die Folgen für Kinder, die sekundär durch Mangelernährung verhungern. Unterernährung tritt oft als Begleiterscheinung von Krankheiten oder Parasitenbefall auf – der Körper ist geschwächt, kämpft gegen Erreger und verliert zunehmend die

Fähigkeit, Nahrung richtig zu verwerten. Doch auch der umgekehrte Weg ist möglich: Ein ausgehungerter Körper wird anfälliger für Krankheiten und Parasiten, weil ihm die Kraft fehlt, sich zu wehren. Ein fataler Kreislauf.

Im Kinderheim ging es uns vom Hygienezustand zwar besser, aber nicht hundertprozentig gut.

Krätze, Flöhe, Räudemilben und allerlei parasitärer Befall bei Hunden entwickelt sich besonders rasant und daher auch überwiegend in Überpopulationen beziehungsweise dort, wo viele Tiere auf engem Raum beieinander leben. Die Übertragung erfolgt durch Überspringen der Parasiten, gegenseitiges Belecken, die Geruchskontrolle am Kot von Artgenossen und die eigene Säuberung mit der Zunge, also das Ablecken von Pfoten oder Fell. Je mehr Tiere sich auf einem Fleck aufhalten, desto mehr Wirte gibt es für die Blutsauger. Erstaunlicherweise ist dies oft nicht auf der Straße der Fall, sondern vermehrt in den Tierheimen. Durch den entstehenden Stress in Gefangenschaft oder die räumlich-psychische Bedrängung kollabiert das Immunsystem. Die krassesten Fälle von felllosen Hunden mit schuppiger und wunder Haut habe ich daher bei den vermeintlichen »Rettern« in den Tierheimen gesehen, nicht auf der Straße.

Gewaschen haben wir uns auf der Straße selten. Zähne haben wir geputzt, indem wir mit den Fingern den Belag abgerieben haben. Uns ist es nicht so aufgefallen, in welchem Zustand wir waren. Aber wenn die Polizisten bei Kontrollen zu uns gesagt haben: »Geht mal bitte zwei Meter zurück, ihr stinkt«, dann wurde es uns klar. Auch gebürstet habe ich mich nie. Meine Haare waren oft verfilzt und bunt oder schwarz gefärbt. Jedenfalls hatte ich keine Kopfläuse. Mit Sicherheit war dies den scharfen Mitteln zum Haare-Färben zu verdanken.

Parasiten hatten wir schon. Die haben aber im Grunde nichts mit Hygiene zu tun, selbst »normale« Leute haben Läuse, zum Beispiel, wenn Kinder sie aus dem Kindergarten mitbringen. Die fühlten sich nur sehr wohl bei uns, weil wir die Klamotten nicht gewechselt haben. Kleiderläuse hatten wir alle durch die Bank weg. Und wir haben uns einen Spaß daraus gemacht, ein richtiges Hobby, und haben die Läuse getauscht. »Hey Waldi, guck mal, was ich für 'ne schöne Laus gefunden habe! So eine habe ich ja noch nie gesehen – willste?« Und dann hab ich sie bei ihm hingesetzt. Andersrum gab er mir seine besten, hübschesten und seltensten Läuse. Waldi war übrigens mal bei der Polizei, zumindest in Ausbildung, zog dann aber das Leben als Punk vor.

Die Hygiene im Kinderheim und auf der Straße hat mich schon geprägt, ich merke es bis heute. Ich bade vielleicht einmal in der Woche und dusche auch nicht allzu oft. Aber komischerweise habe ich selten unangenehmen Körpergeruch. Dasselbe gilt für meine Haut. Wenn dieses Buch erscheint, bin ich 52 Jahre alt und oft sagen Leute, ich schaue noch so jung aus, da ich kaum Falten habe. Ich denke, dass durch unnötiges Waschen die Hautbarriere zerstört wird, auch das Immunsystem anfälliger ist. Die ganzen Shampoos und Seifen, die entfetten, erreichen meines Erachtens auf lange Sicht einen gegenteiligen Effekt. Denn wie reagiert der Körper, wenn man entfettet? Kopfhaut fettet nach und versucht, das fehlende Fett auszugleichen. Also werden die Haare umso fettiger. Ich wasche meinen Kopf vielleicht einmal die Woche, habe aber eher fluffige, anstatt fettige Haare. Wie bereits erwähnt dusche ich auch nicht ständig. Dennoch, seit ich »kultiviert« lebe, habe ich öfter Probleme mit rissiger Haut und generell mehr Infektionen als früher.

Meine Zähne putze ich schon morgens und abends. So lang wie nötig, so kurz wie möglich. Eine Minute vielleicht. Aber ich glaube, ich habe zum Teil gesündere Zähne als andere – insbesondere, wenn man bedenkt, was sie durchgemacht haben. Mein Zahnersatz war auch nicht aufgrund mangelnder Pflege erforderlich, sondern weil bei Schlägereien oder im Boxtraining schon einmal ein Zahn »verloren ging«. Damals habe ich mir Zähne auch schnell ziehen lassen. Heute macht man das ja nicht mehr und versucht eher, sie zu erhalten.

Jetzt lebe ich genauso, wie es mein Körper mir signalisiert. Ich merke selbst, wenn es Zeit ist, mich zu waschen. Wenn es anfängt zu jucken oder ich mich rieche. Und ich bin sehr sensibel bei Gerüchen. Das mag für einige unhygienisch klingen, aber die kann ich beruhigen: Ich bin kein verklebter Typ. Ich höre einfach nur auf meinen Körper und weiß, wann ich was brauche. Damit fahre ich immer gut. Auf vielen Ebenen. Das Leben auf der Straße ließ keinen Platz für künstliche Empörung oder blinden Konformismus.

Besonders, wenn ein Hund aus dem Ausland, der hierher adoptiert werden soll, direkt aus einem Transporter heraus den neuen Besitzern in den Arm gedrückt wird, ist schnell klar: Hygiene? Fehl am Platz. Er riecht nach Urin, Kot und ist oft verdreckt. Außerdem riecht man auch die Angst und den Stress. Hier tut dann ein reinigendes Bad gut. Auf der Straße sind die meisten Hunde nicht verklebt und stinken auch nicht, dies passiert entweder bei Ketten- oder Zwingerhunden, in Auffangstationen oder bei schlechter Haltung.

Aber viele Menschen empfinden bereits den natürlichen Geruch eines Hundes als stinkend. Dann wird er gebadet, shampooniert, sauber gemacht. Aber damit werden alle Haut- und Fellfette etc. kaputt gemacht, die natürliche Schutzbarriere wird zerstört. Die Folge ist häufig stumpfes, brüchiges oder schuppiges Fell. Kein Wunder, dass unsere Haushunde anfälliger für Allergien und Hautkrankheiten werden. Übertriebene Hygiene und Extra-Produkte für den Hund sind unnatürlich und tragen zu dieser Entwicklung bei. Interessant, diese Parallele zum Menschen, nicht wahr?

Das Leben innerhalb von vier Wänden kommt mir manchmal immer noch komisch vor. Mit all seiner Hygiene und seinen Aufgaben. Es fallen Dinge an, die auf der Straße eher irrelevant sind. Wäsche waschen zum Beispiel, das ist leidig. Die Waschmaschine wäscht zwar allein, aber das Ordnen, Aufhängen und Einräumen nervt. Deshalb habe ich auch oft nicht viel Kleidung. Die Küche ist bei mir daheim immer sauber und ich mag es eher ordentlich. Aber ich bin auch wenig zu Hause. Situativ ist es mir egal, ich muss schließlich auch leben können. Oft finde ich sogar eine aufgeräumte Wohnung zu steril und abstoßender als eine, bei der man sieht: Hier lebt jemand. Diese »Tippi-toppi«-Wohnungen heißen bei mir Instagram-Wohnungen.

Krank auf der Straße

»Wir haben uns auf der Straße, so gut es ging, selbst geholfen.«

Man könnte denken, dass Krankheiten oder Hautkrankheiten durch Mangelhygiene entstehen. Aber eher das Gegenteil ist der Fall. Wie berichtet, bin ich viel häufiger krank, seitdem ich zivilisiert lebe. Auf der Straße hatte ich ein traumhaftes Immunsystem, geradezu bombastisch – zumindest bewerte ich es rückblickend und im Vergleich so. Das Immunsystem scheint stark gekoppelt ans Wohlbefinden. Denn auf der Straße war ich frei. Im Kinderheim hingegen, da war ich oft krank. Dort ging es mir psychisch nicht gut.

Auf der Straße ging es mit der Genesung schneller. Einmal während meiner Zeit in Berlin hatte ich hohes Fieber. Ich war etwa zwei Tage lang in einem unbeheizten Raum, es war Winter. Ich deckte mich mit sämtlichen Kleidungsstücken oder Lumpen ein, die ich gefunden habe. Und so habe ich meine Krankheit einfach ausgeschlafen. Noch halb im Delirium bin ich wieder rausgegangen, ich musste ja. Mein Körper brauchte Nahrung, um wieder zu Kräften zu kommen. Erste Anlaufstelle war ein Müllcontainer auf dem Hinterhof einer Bäckerei. Beim Wühlen nach Essbarem wurde ich auch noch erwischt und davongejagt mit den Worten: »Hau ab, du Hund!«

Wenn Hunde im Tierheim landen oder bei Adoptanten im neuen Zuhause, dann kollabiert oft ihr Immunsystem. Sie haben Dauerdurchfall, Hautprobleme oder dergleichen. Wie bei uns Menschen ist es bei Hunden ebenso: Sie werden krank, wenn es ihnen psychisch nicht gut geht. Psyche und Allergien gehen Hand in Hand. Denn viele unserer Hunde sind primär nicht körperlich krank,

haben auch keine Parasiten mehr – werden aber immer noch ständig gegen diese behandelt, weil die Symptomatik gleich ist. Es ist der Stress und das Entnommen-Werden aus der gewohnten Umgebung, das sie krank macht.
Ich hatte mal ein aufschlussreiches Gespräch mit einer Frau, die in einem Diagnostiklabor für Hunde arbeitet, in dem Blutproben analysiert werden. Das Team dort hat festgestellt, dass bei Hunden aus dem Ausland, die nun hier leben, immer wieder symptomatisch auf Verdacht gegen Milben und sonstige Parasiten behandelt wird. Und dass solche Hunde häufig teures Futter gegen nervöse Mägen und Nahrungsmittelunverträglichkeiten bekommen. Bei Auswertung der Proben konnte ein stark erhöhter Cortisolwert im Blut nachgewiesen werden. Also das Hormon, das bei Dauerstress ausgeschüttet wird. In plötzlich auftretenden stressigen Situationen wird hingegen Adrenalin produziert. Situativer Stress ist also tragbar. Dauerstress, bei dem Cortisol freigesetzt wird, macht Hunde hingegen krank.

So wie ich im Heim. Denn was war mit dem kleinen Gerdi? Ständig krank. Auf der Straße war ich zäh wie ’ne kleine Ratte. Dort waren Infektionen häufiger als Krankheiten. »Schleppscheiße« oder »Kreuzberger Beulenpest« hatten wir schnell weg. Das ist eine Schmierinfektion, die dem Körper aufgrund von Mangelerscheinung durch einseitige Ernährung und hohen Alkoholkonsum zu schaffen macht und ihm lebenswichtige Mineralien entzieht. Dreck und Schmutz taten ihr Übriges. Da bekam man kleine Pickel, die sich mit der Zeit zu riesigen Eiterbeulen entwickelten. Dann läuft man auf einmal mit so dicken, stinkenden und infektiösen Beinen herum. Das kann ansteckend sein. Hat ein anderer in dem Moment rissige und schmutzige Haut sowie ein schwaches Immunsystem, dann kann er es auch bekommen. Dadurch entwickelten sich manchmal Blutvergiftungen, die fast jeder von uns schon hatte.

Ich ebenfalls schon zweimal. Aber trotzdem kam der Körper nach ärztlich notwendiger Behandlung und den Umständen entsprechend gut damit klar. Es sieht unmöglich aus, der Körper bildet Narben, aber sonst geht's.

Ich scheine eine gute Genetik zu haben, bei dem, was ich schon durchgemacht habe. Ich hätte schon das ein oder andere Mal tot sein können. Auch aus dem Krankenhaus bin ich mehrfach getürmt, wenngleich die Ärzte sagten, ich müsse mit meiner Infektion dortbleiben. Einmal wurde es mir wieder zu viel. Ich lag dort mit einer Kehldeckelentzündung. Da habe ich mir einfach die Venenverweilkanüle der Antibiotika-Infusion gezogen, habe fest auf die Einstichstelle gedrückt und bin abgehauen.

Noch heute gehe ich ungern zum Arzt und vermeide möglichst Krankenhausaufenthalte. Vor Medikamenten und Narkosen habe ich regelrecht Angst. So sehr, dass ich Tabletten nur selbst aus dem Blister nehme, damit mir ja keiner etwas unterjubeln kann. Sogar in Beziehungen und meiner Ehe habe ich das so gehandhabt. Ich habe einfach kein restloses Vertrauen zu Menschen. Selbst, wenn sie mir sehr nahestehen. Hunde merken das. Wir sind gefühlsmäßig eins. Sie spüren, dass ich dasselbe Misstrauen in mir trage wie sie. Deshalb fassen wohl einige Hunde schnell Vertrauen und kommen zu mir. Obwohl wir uns am Ende vielleicht ebenfalls misstrauen …

Bestimmte Eingriffe wie eine Magen- oder Darm-Spiegelung lasse ich ohne Narkose und Medikamente durchführen. Mental stelle ich mich darauf ein, dass ich es aushalten kann. Und auch, wenn es wahnsinniger Stress für den Körper ist, lasse ich mich lieber bei vollem Bewusstsein »foltern«. Ich muss einfach mitkriegen, was die da tun. Wenn es mir mal so schlecht gehen sollte, dass wirklich nichts mehr geht, will ich in keinem Fall auf die Intensivstation. Die Angst begleitet mich, leise, aber stetig. Ich hoffe darauf, dass Gott mir eines

Tages Gnade schenkt – dass es dann schnell geht, ohne unnötiges Leiden. Wie ein Schuss, der sein Ziel trifft, ohne Schmerz, ohne langes Warten. Doch am schwersten wiegt der Gedanke an meine Familie. Die Vorstellung, sie mit Fragen und Schmerz zurückzulassen, macht die Angst nur größer. Mehr als den Tod selbst fürchte ich die Zeit davor – und das Wissen, dass mein Abschied Spuren hinterlässt, die nicht verblassen.

Wir haben uns auf der Straße, so gut es geht, selbst geholfen. Uns hat damals einer erzählt, Seifenlauge sei heilsam. Also haben wir uns einen Eimer Wasser befüllt, Kernseife darin aufgelöst und die entzündete Hand oder den wunden Fuß teilweise für Stunden darin eingeweicht. Tatsächlich war es dann auch manchmal gut. Wie gesagt: Folgt mir für mehr Life Hacks …

Wir mussten uns ja auch selbst helfen, denn meist waren wir nicht krankenversichert, ich auch nicht. Mal situativ durch einen kurzfristigen Job, die meiste Zeit jedoch nicht. Hatte jemand mal einen Kranken- bzw. Behandlungsschein, dann wurde der weitergereicht an die, die einen Arztbesuch brauchten. Wenn jemand Medizin hatte und nicht mehr brauchte, dann hat er diese auch abgegeben. Manche haben sich auch Medizin in Richtung Betäubungsmittel verschreiben lassen, Benzodiazepin, ein Beruhigungs- beziehungsweise Schlafmittel, und dann verkauft, um an Geld zu kommen.

Statt schlimmer Krankheiten waren es eher Verletzungen durch Verbrechen, die uns lahmlegten. Steinschläge auf den Kopf, Stichverletzungen durch Messer oder tatsächlich auch Schusswunden. Einmal hat der Pitbull eines Nazis einem Kumpel den ganzen Bizeps rausgerissen. Schwer verletzt wurde er einfach aus der S-Bahn geschmissen und später ziemlich verstümmelt gefunden. Körperlich und psychisch war er nach dem Vorfall komplett down und hat sich nur noch abgeschossen mit Drogen und Alkohol.

Die schlimmsten Bilder von kranken Hunden im Ausland stammen meistens aus Sheltern. Einen Straßenhund wie diesen sieht man in Rumänien und Bulgarien nicht so häufig.

Bei Hunden ist das ähnlich: Wenn der Ernährungszustand zu wünschen übriglässt und Mangelernährung vorliegt, neigen Hunde zu Krankheiten oder Wunden entzünden sich schneller, wenn sie zum Beispiel in Scherben oder scharfkantige Bleche treten. Und wenn schlimme Infektionen entstehen, sterben manche daran. Das ist im Grunde auch eine natürliche Selektion der modernen Zeit. Traurig, aber existent …

In einer Tierklinik in Varna, Bulgarien, habe ich einen Tierarzt gefragt, wie häufig dort Straßenhunde behandelt werden müssen. Seiner Aussage nach sind es viel mehr Katzen als Hunde. Sie werden öfter überfahren oder erleiden andere Schicksale, leider auch durch menschliche Einwirkung. Hunden passiere hingegen seltener etwas – so der Tierarzt. Das bestätigt auch meinen Eindruck: Ich bin mal durch Varna gelaufen in einer Facebook-Live-Übertra-

gung und habe verzweifelt einen leidenden Hund gesucht, wie auch immer Leid für den Einzelnen aussehen mag. Doch so sehr ich mich auch bemühte, ich habe keinen gefunden. Höchstens mal eine verstaubte Katze mit verklebten Augen und Nase, aber sonst nichts.

Schaden durch Menschen kann es vor allem dann geben, wenn die Menschen regelrechten Hass gegen Tiere haben. Doch ehrlich gesagt habe ich über die Jahre selten Verletzungen durch Menschen bei einem Hund feststellen können. Vielleicht deshalb, weil Straßentiere im Gegensatz zu uns Menschen noch über ein hohes Maß an Gefahrenbewusstsein verfügen und es vermeiden, sich in gefährliche Situationen zu bringen. Das wird dann fälschlicherweise als Angst betitelt. Doch es ist oft einfach Vorsicht, ein gesundes Misstrauen.

Erstaunlich, wie ich meine, dass es bei einer Einwohnerzahl von rund 334.000 Menschen In Varna (World Population Review 2024) und entsprechend vielen Straßenhunden in der Stadt und im Umland so wenige menschengemachte Verletzungen zu verzeichnen gibt. Tatsächlich kümmern sich sogar einige Menschen um die Hunde auf der Straße, ohne zu einer Tierschutzorganisation zu gehören. Einfach aus Tierliebe. Die Betreuung der Hunde durch Einheimische habe ich fast täglich beobachtet. Es wird gefüttert, Trinkgefäße werden bereitgestellt oder Schlafstellen hergerichtet.

So fiel mir einmal ein eher ängstlicher hündischer Zeitgenosse in Sofia auf. Er sah nicht gerade gesund aus und sein Zustand war besorgniserregend. Jedenfalls wurde ich beim Filmen durch eine ältere Frau auf Bulgarisch ermahnt. Sie war sehr laut dabei und gestikulierte mit ihren Armen wild herum. Mein Dolmetscher übersetzte ihr Anliegen: Der Hund sei wohl ein paar Tage zuvor angefahren worden, diese Dame hatte das Ganze beobachtet. Sie hat zwar selbst wenig Geld, dennoch hatte sie das verletzte Tier eingefangen und zum Tierarzt gebracht. Der Hund wurde operiert und überlebte. Jetzt passte sie auf ihn auf und verscheuchte alles und jeden, der dem Hund zu nahekam, damit dieser sich erholen konnte. Sie machte sich Sorgen, als ich dem Hund Beachtung schenkte, denn nicht jeder meint es gut mit Tieren. Die Anwohnerin fütterte neben diesem Hund noch einen weiteren und einige Katzen. Dabei muss sie stets darauf achten, nicht gesehen zu werden – denn in Sofia war es unter Strafe verboten, Straßentiere zu füttern.

Wenn ich bei meinen Reisen auf kranke Hunde oder Menschen treffe, kann ich sehr gut differenzieren, ob Hilfe notwendig ist oder nicht. Manch einem kommt es hart vor, auch mal wegzuschauen. Wenn ein Mensch jedoch so in Not ist, dass er akut medizinische Hilfe benötigt, dann helfe ich natürlich immer. Aber nur selten mit Geld, denn Geld hilft nicht, sondern befriedigt nur kurz. Ich weiß es aus eigener Erfahrung. Geld wird häufig nicht für das eigentlich Notwendige eingesetzt, sondern für das, was emotional betrachtet wichtiger erscheint. Häufig ist das nicht die medizinische Versorgung, sondern eine Pulle Alkohol oder Drogen.

Wenn ein Straßenmensch ein hochentzündetes Bein hat und ich sehe, der stirbt bald an einer Sepsis, dann weiß ich, der geht eh nicht zum Arzt. Ich sehe ihn an und weiß schon genau, er wird sich nicht helfen lassen. Läuft man mit so einem Bein so lange herum, dann weiß man ja selbst, dass dies kein gutes Ende nehmen kann. Entzündungen gehen mit heftigen Schmerzen einher, die Haut ist geschwollen und prall. Jede Berührung, jede Bewegung ist kaum auszuhalten. Da kann ich tatsächlich wegschauen. Nicht verächtlich, sondern ich weiß einfach, wann ich nichts tun kann. Vielleicht kommt mir da auch die Härte der Straße zugute, die ich mir über Jahre angeeignet habe. Würde dieser Mensch mich gezielt ansprechen, Hilfe suchen und mir dabei mit seinem ganzen Ausdruck signalisieren, dass ihm niemand helfen möchte, dann würde ich mich einbringen und zusammen mit ihm einen Arzt aufsuchen oder Rettungskräfte holen. Da wäre ich den Hilfskräften gegenüber sehr energisch und würde die Not des Straßenmenschen mit Worten unterstreichen. Vielleicht würde ich sogar mit Konsequenzen drohen, wenn die Hilfe verweigert werden würde. Wer weiß?

Bei Hunden kann ich auch einschätzen, welcher Vierbeiner Hilfe braucht. Einmal habe ich in Rumänien einen angefahrenen, sehr scheuen Hund mit offener Fraktur beobachtet. Der brauchte sofort und unbedingt medizinische Hilfe, er hat gelitten. So habe ich über die Social-Media-Kanäle mithilfe vom Mobiltelefon Fotos von diesem Hund an verschiedene Organisationen gesendet, den Standort hinzugefügt und schnell die Antwort bekommen, dass sich nun jemand kümmern wird. Manche Auslands-Orgas sind da richtig gut und schnell. Aber wenn ein Hund mal lahmt oder Hautkrankheiten hat, dann bricht mir das nicht gleich das Herz. Schnell ist ein Gelenk mal verstaucht oder der Ballen mit einer leichten Schnittverletzung beschädigt. Manchmal stecken Dornen im Fuß. Man kann die Tiere erstens nicht einfach so festhalten und den Dorn entfernen und außerdem heilen die meisten Verletzungen sehr gut von allein ab. Zweitens hatte ich dies alles häufig selbst. Und ich weiß, dass man davon nicht gleich stirbt. Doch auch hier gilt, wenn wirklich Hilfe notwendig ist, dann helfe ich, so gut es eben geht.

Übrigens nicht nur Hunden. Vor einigen Jahren half ich einer Katze in Bulgarien. Sie wurde angefahren und schleppte ab dem Beckenbereich ihre Hinterbeine nach. Diese schleiften über den Boden und das Tier hatte heftige Schmerzen. Über eine Bekannte, die beim Tierschutz arbeitete, fingen wir den jungen Kater ein und brachten ihn zum Tierarzt. Er wurde geröntgt und dann wollte ich, dass er operiert wird. Eine komplizierte Operation, aber es funktionierte dank der guten Ärzte.

Die OP war nicht so teuer wie in Deutschland und ein paar Wochen später lebte dieser Kater bei mir – und trägt bis heute den Namen »Rush«.

Eine Zeitlang habe ich mal Medikamente über die Grenze mitgenommen und Hunden selbst geholfen. Ich habe entwurmt und entfloht. Darüber lernte ich einen Rumänen kennen, der privat Medikamente besorgte und die Tiere auf eigene Faust behandelte. Die Straßentiere kannten und vertrauten ihm, das hat man gesehen und gemerkt. Er tat es aus reiner Tierliebe, ohne einer Organisation zugehörig zu sein. Ihm habe ich einen ganzen Rucksack voller Medikamente geschenkt. Der hat sich riesig gefreut, mir gleich einige der Hunde vorgestellt und die dazugehörigen Geschichten erzählt! Da kamen die Spenden genau beim richtigen Menschen an. Es gibt auch Menschen, die sich am Leid anderer bereichern. Auch wenn man das nicht hören mag, das ist leider so.

Eine Frau, die ihre Tierschutzorganisation über Spenden finanzierte, baute sich zeitgleich in Kanada ein Häuschen und das mit einem großen Teil der Spendengelder. Das ist kein Einzelfall, aber darüber darf jeder gerne selbst im Internet recherchieren. Namen nenne ich hier nicht. Ich warne höchstens unter vier Augen. Ach, wie sehr wurde mein Name in den sozialen Medien schlecht gemacht, als ich über Jahre hinweg warnte. Denn plötzlich ist man der, der den Auslandstierschutz bekämpft – so ein Nonsens!

Die ewige Suche

»Bin ich nur glücklich, wenn es schmerzt?«

Über die Jahre hatte ich einen regen Wechsel an Frauen. Nicht wie man meinen könnte der Sexualität wegen, nein, ich war auf der Suche nach Liebe, nach der wahren Liebe. Nur bin ich nicht länger geblieben, da ich es nicht ausgehalten habe. Die Nähe, Zuwendung, die emotionale Bindung an eine Person. Eine Freundin ist mir besonders im Kopf geblieben, die Julie. Ich glaube, sie hat mich damals wirklich geliebt. So wie ich war, mit all meinen Defiziten im zwischenmenschlichen Bereich. Doch irgendwann sagte sie: »Ich kann einfach nicht mehr mit dir, Gerd. Ich habe Angst um dich, dein Leben.« Denn ich war sehr oft bei Straßenschlachten oder ähnlichen Szenarien dabei. »Dieses ständige Abhauen ertrage ich nicht mehr«, sagte sie zu mir.

Sie hatte mir einen langen Brief geschrieben, in dem sie mit mir Schluss machte. Ich sollte ihn vor ihr lesen. Sie wollte wohl meine Reaktion sehen und vielleicht noch mal darüber reden. Aber kaum angefangen, riefen von unten auch schon Stimmen. Wir waren in einem besetzten Haus und nun warteten die Kumpels. Wir waren wie gestrandete Piraten vom Schiff oder Räuber aus einer Räuberhöhle. Anstatt den Brief zu Ende zu lesen, bin ich einfach aufgestanden, gegangen und habe Julie nie wieder gesehen. Ich ließ sie dort einfach sitzen. Meine Kumpels und die Aussicht auf Spaß und Kameradschaft, meine Freiheit, waren mir in dem Moment einfach wichtiger. Nicht einmal richtig zu Ende getrennt, war ich schon wieder auf der Straße unterwegs.

Im Nachhinein tut es mir immer noch sehr leid, ja, ich habe sie auch geliebt. Sie war wirklich gut zu mir und hat mich nicht angelogen oder betrogen, wie andere Frauen aus der Szene. Aber warum bin ich dann bloß weg von ihr? Diese Trennung schmerzte noch Wochen und Jahre später. Wie sehr muss es ihr dann wehgetan haben. Wie gern möchte ich mich auch heute noch für diese vermeintliche Gefühlskälte bei ihr entschuldigen. Nicht auszudenken, was das vielleicht mit ihr gemacht hat. Im Allgemeinen und mit ihrem Vertrauen zu Beziehungen und Liebe.

So war es also bei mir mit den Frauen oder damals besser: mit den Mädels. Sie waren ja so alt wie ich oder vielleicht mal ein Jahr älter. Ich bin den Jungs damals mit allerlei Leichtsinn, Waghalsigkeit und Unvernunft in den Abgrund gefolgt, aber auch den Mädels. Die waren auch in der Szene und oft nicht ohne, Piratinnen und Räubermädels. Wie bereits erwähnt, war ich nicht auf der Suche nach Sexualität, das gehörte nur irgendwie dazu. Ich habe den Frauen viel lieber in die Augen geschaut, als auf die Brüste oder den Po. Jahre später kam zum Vorschein, was das eigentlich war. Ich war auf der Suche nach: »Versteh mich doch bitte endlich jemand!« Auf der Suche nach Liebe, Wärme und Geborgenheit. Dieses Lied habe ich nach diesen Zeiten häufig rauf und runter gehört und nicht selten ein paar Tränen vergossen:

Bin ich nur glücklich, wenn es schmerzt (Böhse Onkelz)

Ich zeige dir, was es heißt, allein zu sein
Ich trinke Tränen, schwarzen Wein
Ich folge dir tief, tief in die Nacht
Bis in den Abgrund deiner Seele steige ich hinab

Ich suche nach der, die mich zum Weinen bringt
Liebe macht süchtig, betrunken und blind
Ich suche nach dem Weg aus der Leere
Die mein Leben bestimmt
Ich lass es Tränen regnen

Bin ich nur glücklich, wenn es schmerzt?
Bin ich nur glücklich, wenn es schmerzt?
Ich schenk dir mein gefrorenes Herz
Ich will, dass du es für mich wärmst

Ich verirre mich, nichts ist mehr klar
Ich bin da, wo vor mir keiner war
Nicht fähig zu lieben, oder liebe ich die Qual?
Liebe ich den Schmerz, bin ich nicht normal?

Ich suche nach der, die meinen Geist nach Hause bringt
Ich suche nach der, für die ich diese Lieder sing
Nur eine Nacht in meinem Zimmer
Wir wachen auf und leben für immer
Ich lass es Tränen regnen

Bin ich nur glücklich, wenn es schmerzt?
Bin ich nur glücklich, wenn es schmerzt?
Ich schenk dir mein gefrorenes Herz
Ich will, dass du es für mich wärmst

…

Das Lied habe ich vor einigen Jahren das erste Mal bewusst beim Autofahren gehört, als Carmen und ich uns getrennt haben. Da fiel der Groschen, warum mir das so aus der Seele sprach. Denn das Lied schildert es. Genau so war es bei mir und ist es noch. Schon wieder ein Bruch. Und immer noch auf der Suche nach der einen, die mich versteht. Aber das werde ich nie finden, das ist mir bewusst. Die Baustellen sind immer die gleichen, auch in einer neuen Partnerschaft.

Carmen ist die Frau, die mir zwei wundervolle Kinder geschenkt hat. Eine Tochter und einen Sohn, Alischa und Elija. Heute sind beide erwachsen und ich bin stolz auf sie. Ich heiratete Carmen, als unsere Tochter bereits vier Jahre alt war. Carmen hat mich schon verstanden. Aber um das zu begreifen, musste ich erst alt werden, zumindest 50 Jahre. Wahrscheinlich ist sie es auch, die ich mit dem Lied meine, das tief in meinem Unterbewusstsein verankert ist. Aber sie wusste auch, sie kann mich nicht halten, sonst bin ich weg. Aber ich bin ja eh immer weg. Trotz der vielen Bekannten, die ich heute habe, fühle ich mich oft allein. Allein in meinem Körper, da wird mir niemand helfen können, bei allem Verständnis.

Außer Gott. Wenn man das Lied sehr kreativ liest, dann lassen sich auch Rufe nach Gott wahrnehmen und die Sehnsucht nach Frieden und wahrer Liebe. In der Bibel steht in Johannes 3,16: »Also hat Gott die Welt geliebt, daß er seinen eingeborenen Sohn gab, auf daß alle, die an ihn glauben, nicht verloren werden, sondern das ewige Leben haben.«

Durch einen Dokumentarfilm über einen Abschnitt meines Lebens erhielt ich nach mehr als 48 Jahren erstmals wieder Kontakt zu meiner leiblichen Mutter. Die Hoffnung auf Antworten über meine Herkunft und Familie war groß, doch die anfängliche Neugier verblasste schnell. Nur einige wenige Episoden meiner Kindheit wurden etwas klarer. Wirklich Aufschlussreiches erzählte mir meine Mutter nicht – außer dass mein leiblicher Vater in ihren Worten ein »Arschloch« gewesen sei. Eigentlich möchte ich mir mein eigenes Bild von Menschen machen – doch mein Vater ist tot.

Einer der »Strandhunde« war Johnnie Walker. Genau der Typ Hund, der in Deutschland innerhalb kürzester Zeit aufgrund seiner Intelligenz und seines Eigenwillens entweder als unvermittelbar in einem Tierheim landen oder eingeschläfert werden würde. Er hätte sich niemals einem Menschen untergeordnet – schon gar nicht an Leine und Halsband. Und erst recht nicht bei Begegnungen mit anderen Hunden in der Stadt. Denn in der heutigen Zeit ist ein »richtiger Hund«, damit meine ich Hunde mit Ecken und Kanten und »männlichem« Verhalten, nicht mehr wirklich erwünscht. Daher kommt auch der Ausdruck »rüdes Verhalten« im Sinne einer besonderen Widerspenstigkeit. Johnnie Walker ist ein absoluter Denker und Stratege, der sich noch nie vom Hundefänger hat erwischen lassen. Über lange Jahre habe ich ihn immer wieder beobachtet und seine Abläufe studiert. Er war unkastriert und zeugte somit den ein oder anderen Nachkommen.

Im Gegensatz zu den unkastrierten Artgenossen mangelt es den kastrierten Tieren nicht nur an der Fähigkeit, sich fortzupflanzen, wie es im Rahmen des natürlichen Sexualverhaltens vorgesehen ist, sondern auch an der Durchsetzungskraft, die alle Imponier- und Drohgebärden umfasst. Ihnen fehlen auch der Wille und die Kraft, für eine Hündin, oder, wenn nötig, ein Territorium zu erkämpfen. Kastration macht häufig träge, einige Tiere sogar einsam und manchmal nur bedingt für das Leben in einer Gruppe tauglich. Es scheint, als ob es diesem Leben an der notwendigen Würze fehlt – jener gewissen Grundschärfe, die in Situationen, in denen Durchsetzungskraft und eiserner Willen zählen, unerlässlich, sogar entscheidend ist. Zusätzlich zu der durch Kastration hervorgerufenen Trägheit mangelt es auch an der Schnelligkeit und dem Elan, die für solche Momente erforderlich sind.

Interessant für mich zu sehen war, dass diese kastrierten Kandidaten dann gerne Schutz bei Johnnie Walker suchten. Übrigens im Winter mehr. Testosteronbeladen strahlte er offenbar das aus, wo-

Bei einer »Diskussion« unter Rüden behauptete sich Johnnie Walker in aller Regel.

nach die kastrierten Rüden und auch Hündinnen suchten. Er bot Schutz und Sicherheit.
Für mich war es faszinierend, zu beobachten, dass Rüden und Hündinnen bewusst eine Wahl füreinander treffen können. Das bedeutet, dass Geruch, Sympathie und Antipathie eine große Rolle spielen, wenn es um Sexualität und Fortpflanzungsverhalten geht. In Gefangenschaft oder unter menschlicher Obhut scheint jedoch die Notwendigkeit zu bestehen, dass auch andere Sexualpartner akzeptiert werden – ein Spiel der Hormone.

Bei Menschen gibt es das auch. Der Schweizer Biologe Claus Wedekind führte eine Studie durch, bei der Frauen an T-Shirts rochen, die von verschiedenen Männern getragen wurden. Das Ergebnis zeigte, dass Frauen den Geruch von T-Shirts bevorzugten, die von Männern getragen wurden, deren MHC-Gene (eine Gruppe von Genen, die eine wichtige Rolle im Immunsystem spielen) sich stark von ihren eigenen unterschieden.

Der dunkle Rüde umwirbt die Hündin, die noch kleine Welpen hat – im Hintergrund eine Tochter aus einem früheren Wurf.

Diese Präferenz wird als eine Art natürliche Partnerwahl interpretiert, bei der Frauen unbewusst Partner bevorzugen, deren unterschiedliche Gene zu einer besseren Immunabwehr ihrer Nachkommen führen könnten.

In einem kleinen Park beobachtete ich eine läufige Hündin, die von zwei potenziellen Sexualpartnern verfolgt wurde. Einer von ihnen war ein Kastrat, der im vorherigen Jahr noch unkastriert gewesen war und ihr gesunde Welpen geschenkt hatte. Der andere war unkastriert, hatte kahle Stellen im Fell und wirkte nicht besonders gesund. Aus der Not heraus ließ sie den für mich abstoßend wirkenden unkastrierten Rüden an sich heran, kehrte jedoch immer wieder zu dem Kastraten zurück, zu dem eine deutliche Sympathie erkennbar war.
Vielleicht ist Kastration doch nicht so tierschutzkonform wie vermutet? Es gibt verschiedene Studien, die die Praxis der Kastration bei Hunden hinterfragen. Ein umfassender Vergleich von Gesund-

heitsdaten über viele Jahre hinweg zeigt, dass kastrierte Hunde vieler Rassen ein erhöhtes Risiko für Gelenkerkrankungen und bestimmte Krebsarten aufweisen können. Daraus lässt sich schlussfolgern, dass die Kastration nicht immer die beste Lösung darstellt. Ob Kastration die Straßentierproblematik eindämmt? Zu dieser Frage möchte ich mich lieber enthalten – mit einem Augenzwinkern …

Bedürfnisse sehen

»Wenn ein Lebewesen sich nicht mehr so verhalten darf, wie es ihm entspricht, fühlt es sich nicht mehr gesehen.«

Sozialverhalten wollte man mir immer beibringen. Erziehen wollte man mich – ob mit Belohnungssystem nach Punkten oder mit Schlägen. Es war nicht das Richtige dabei. Ich selbst finde, ich bin sehr gut sozialisiert. Doch was heißt das schon? Anscheinend passt mein Sozialverhalten nicht zu dem, was andere darunter verstehen. Vielleicht bin ich eine Art »Johnnie Walker«?

Ein Blick auf unser deutsches Schulsystem zeigt, dass Kinder häufig nicht dort abgeholt werden, wo sie stehen. In der Schule musste ich Goethes Erlkönig auswendig lernen. Im Leben hat mir das noch nie etwas gebracht. Auf der Straße vielleicht? Da schlägt vor mir jemand eine Bierflasche kaputt, will mich damit verletzen – und ich rezitiere den Erlkönig? Zugegeben, probiert habe ich es noch nicht. Vielleicht wäre es tatsächlich eine Strategie, um Angreifer zu verschrecken …

Natürlich braucht jeder ein bisschen Allgemeinwissen. Sicherlich gibt es Kinder, die Geschichte lieben, aber eben nicht alle. Aber ich bin überzeugt, dass man durch unnützes Wissen und unsinnige Lernaufgaben viele Kinder und Jugendliche in die Verzweiflung treibt. Jedes Kind hat seine eigene Begabung, sein eigenes Talent. Doch leider müssen sie oft einem starren, veralteten Lehrplan folgen und sich Wissen aufzwingen lassen.

Nicht nur Kinder, auch unsere Hunde! Es muss auch sie manchmal verzweifeln lassen, was wir unter Erziehung oder einem Miteinander verstehen. Auch Hunde werden häufig nicht dort abgeholt, wo sie stehen. Erziehungsmaßnahmen werden universell über Halter und Hund gestülpt, ohne die Individualität des einzelnen Gespanns zu erkennen.

Im Kern geht es doch immer um die verschiedenen Bedürfnisse, die in Einklang gebracht werden sollten. Es geht um meine Bedürfnisse und die Bedürfnisse derjenigen, die ich erziehen will, also um die des Kindes oder des Hundes. Diese zu vernachlässigen und einfach die Scheuklappen aufzusetzen, sich nur auf die eigenen Prioritäten zu konzentrieren, das ist doch nicht richtig.

In unserem Hundezentrum ist es häufig die zentrale Aufgabe, die Hunde wieder daran zu erinnern, was ihnen abtrainiert wurde. Sie lernen, selbstständig Lösungen zu finden, Konflikte zu entschärfen und ihre Aggressionen sinnvoll zu kanalisieren. Wenn ein Lebewesen nicht mehr sein natürliches Verhalten zeigen darf, fühlt es sich übersehen und miss-

Rumänische Herdenschutzhunde, die bei den Hirten noch ursprünglich und ihrer Genetik entsprechend leben.

achtet. Was passiert mit einem Wesen, das sich nicht gesehen oder gehört fühlt? Man stelle sich vor, wie frustrierend und aggressiv es macht, wenn man sich bemüht, sich auszudrücken und seine Bedürfnisse zu kommunizieren, aber einfach nicht (an)erkannt und als Individuum nicht wahrgenommen wird?

Wie fühlt es sich wohl an, wenn man ständig gegen diese unsichtbare Wand der Ignoranz ankämpfen muss? Diese Erfahrung teilen viele unserer Hunde und unsere Arbeit besteht darin, ihnen zu helfen, wieder Vertrauen und Selbstbewusstsein zu entwickeln.

Hätte ich als Jugendlicher die Berichte des Jugendamtes gelesen, hätte ich mir wohl selbst den Stempel »aggressiv« verpasst. Das Offensichtliche bleibt letztlich im Gedächtnis haften. Die tatsächliche Motivation dahinter, die wahre Ursache des Problems – »Er sucht seine Mutter oder Geborgenheit« – gerät dabei völlig in den Hintergrund. Diese tiefere Ebene, die eigentlichen Beweggründe, wurden oft übersehen und nicht anerkannt, was zu weiteren Missverständnissen und Problemen geführt hat.

Fakt ist, wer auf der Straße lebt und überlebt, ist auf seine eigene Art klug und hat zum großen Teil Strategien entwickelt, die dem Überleben dienen. Und genau diese Strategien sind es, die uns Hundehaltern im häuslichen und außerhäuslichen Alltag eine Menge Probleme bereiten können – dies zeigt sich vor allem bei dem zunehmenden Trend, Hunde aus dem Ausland zu adoptieren. Ein Überlebenskünstler von der Straße bei einem Menschen der modernen Zivilisation. Es scheint, als ob zwei Welten aufeinandertreffen. Trotzdem ist eine hohe Bereitschaft der Hunde erkennbar, sich dem Menschen mit all seinen Fehlern anpassen zu wollen, soweit es geht und mit der eigenen Natur zu vereinbaren ist. So sind Hunde eben.

Oft werden Importhunde auf den Internetseiten der verschiedenen Tierschutzorganisationen als besonders sozial geschildert. Gerade was die innerartliche Kommunikation betrifft, scheint es nichts Besseres zu geben, als einen Importhund, der von der Straße stammt. Er hatte schließlich lange genug Zeit, um sich zu sozialisieren. Leider wird der Begriff »sozial« oder »Sozialisierung« häufig falsch interpretiert. Denn zum Sozialverhalten gehört auch die Bereitschaft, soziale Konflikte auszutragen – und zwar teils heftig und unmissverständlich. Gilt es doch, Territorium, Futter und die fortpflanzungsbereiten Partner zu sichern und zu verteidigen. Dieses Verhalten ist gefestigt, sowohl genetisch vorbestimmt als auch zum Teil erlernt. Es dient der eigenen Sicherheit.

Eine Frau in Bulgarien erzählte mir von einem Überfall in einem Park, der auf ihre Schützlinge zielte, die sie mit Nahrung versorgte. Dieser Überfall passierte nachts durch eine konkurrierende Gruppe von Hunden. Dabei drehte es sich um das Territorium und um die gesicherte Nahrungsquelle durch die tierliebe Frau. Der Überfall war nicht nur laut, sondern auch heftig. So sind dabei zwei Hunde schwer verletzt worden, einer wurde sogar getötet.

Wer Hunde schon mal hat kämpfen sehen, weiß um die situative Entschlossenheit der Tiere. Bei Straßenhunden kommen ernste Kämpfe seltener vor als bei Hunden, die in Menschenobhut leben. Sie sind besser geschult, wenn es darum geht, Aggressionsverhalten gezielt einzusetzen. Ein weiterer Grund könnte sein, dass das Leben auf der Straße hart ist und Verletzungen auch sekundär verletzbar machen durch eventuelle Infektionen oder daraus resultierende generelle körperliche Schwäche. Es scheint, als ob sich diese Hunde noch einmal durch den Kopf gehen lassen, ob sie eine Verletzung riskieren sollten.

Neben Einzeltieren, die unterwegs sind, bilden sich manchmal kleine Gruppen verschiedener Tiere, richtige Cliquen. Auch ist es nicht ungewöhnlich, dass Geschwisterpärchen oder kleine Gruppen von halb- oder einjährigen Hunden die Umgebung erkunden.

Abhängen mit der »Gang«

Manchmal werden sie sogar von ihrer Mutter oder dem vermeintlichen Vater begleitet.
Einzelgänger gehen Konflikten tendenziell lieber aus dem Weg – was aber nicht heißt, dass sich das Gegenüber alles erlauben darf. Geht es um einen Sexualpartner oder eine wichtige Ressource, kann es ebenfalls ernst werden. In einer Gruppe hingegen ist man stärker. Ist beim Menschen nicht anders, egal was für einer Jugendgruppe oder welchem Verein man angehört.

Aggression durch Frust

»Was macht man als Streuner, wenn man das Bedürfnis hat, frei zu sein, zu reisen, Abenteuer zu erleben?«

Der Dönertritt. Für mich seinerzeit absolut normal. Körperlichkeit für Hunde? Normal. Impulsiv und unmittelbar reagieren? Im Grunde auch normal. Die Frage ist nur, ob das mit dem zu vereinbaren ist, was sich die meisten Menschen heutzutage im Zusammenleben mit ihrem Hund wünschen. Da geht es oft um Dinge wie Leinentraining und dergleichen. Ja, das ist sicherlich nicht unwichtig. Aber viel wichtiger ist doch der allgemeine Umgang miteinander.

Viele Trainer sind sich einig, dass die Beziehung zu einem Hund Vorrang vor der Erziehung haben sollte. Nur wenn Mensch und Hund eine gute Beziehung zueinander haben, kann der Hund Belohnung oder Strafe richtig einordnen. Oh, nein – ich habe »Strafe« gesagt, das Unwort in der Hundeerziehung! Dabei weiß doch jeder, dass Strafe und Belohnung zum Leben dazugehören, sei es Selbstbestrafung, Bestrafung durch andere oder durch äußere Einflüsse. Heutzutage nennt man das dann lieber »Begrenzung«. Soll mir recht sein, ist mir egal. So verhält es sich ebenfalls mit Belohnung. Falsch eingesetzt kann sie verheerende Auswirkungen haben. Wenn ein Hund für jedes Kommando sofort eine Belohnung bekommt, kann das zwar kurzfristig funktionieren, aber langfristig die falschen Erwartungen wecken. Beispiel: Ein Hund, der jedes Mal ein Leckerli bekommt, sobald er »Sitz« macht, könnte irgendwann nur noch reagieren, wenn er die Belohnung sieht. Bleibt das Leckerli aus, verweigert er das Kommando – nicht aus Ungehorsam, sondern weil die Motivation fehlt. So wird aus einer erlernten Gewohnheit eine Abhängigkeit, die den eigentlichen Sinn der Übung untergräbt. In einer Beziehung braucht es nicht die ganze Zeit offensive Maßregelungen oder lautes Klarmachen der eigenen Meinung, da ist die Zusammenarbeit eine unausgesprochene Selbstverständlichkeit.

Welcher Männertyp wirkt denn besonders anziehend auf Frauen? Oder andersherum: Welche Frauen ziehen Männer an? Die, die man immer und die jeder haben kann oder eher die etwas Unnahbaren, Geheimnisvolleren? Bei Hunden ist es vergleichbar: Ein Dönertritt im richtigen Moment kann eine Wirkung haben. Doch derjenige, der Abstand schafft, ohne körperlich werden zu müssen, der wird interessant und meist von den anderen besonders respektiert. Die Rede ist von Ausdrucksverhalten, Bodenständigkeit und Selbstbewusstsein.

Wie erklärt man den Menschen also, wie sie intuitiv mit ihren Hunden umgehen sollten? Wie können sie ihrem Vierbeiner innerlich signalisieren: »So wie du gerade bist, möchte ich dich nicht.« Wenn man es schafft, dieses Gefühl auszustrahlen, hören viele Hunde mit dem unerwünschten Verhalten auf. Es geht nicht um das Symptom und dessen Bekämpfung. Es geht darum, ein gewisses Statement zu signalisieren. Etwas Gelebtes, Authentisches. Es geht um Persönlichkeit.

Den meisten Hundehaltern geht es darum, eine bestimmte Situation ohne Missverständnisse zu beenden. Die Schwierigkeit liegt darin, etwas beenden zu wollen, ohne das nötige Fundament zu haben. Ein feinfühliger Hund nimmt sofort wahr, wenn sein Mensch unsicher ist, und wird dann ebenfalls verunsichert in dem, was er tut. Wir müssen über einen längerfristigen Prozess sprechen, in dem wir uns im Miteinander neu oder anders positionieren. Erst dann kann eine Ansage im entscheidenden Moment vom Hund ernst genommen werden. Außerdem gibt es viele Facetten, die zusätzlich erschwerend hinzukommen können. Dazu gehören Lebensumstände wie

Stress, Hektik, Erwartungen, Enttäuschungen und vieles mehr. Das Dasein als Hundetrainer ist mit viel Psychologie und Lebenserfahrung verbunden. Das Leben lässt sich nicht oder nur kurz täuschen.

Viele Menschen wollen ihren Hunden gefallen, möchten geliebt werden und glauben, eine klare Ansage lässt sie in der Gunst ihres Hundes sinken. Doch das Gegenteil ist der Fall. Bildlich gesprochen stellt sich ein Hund lieber auf einen Felsen als auf einen Pudding. Ein fester und stabiler Untergrund gibt Halt und Sicherheit, besonders wenn man selbst unsicher ist. Ein Pudding hingegen ist wacklig und instabil, was die eigene Verunsicherung nur verstärken würde. Sich selbst als Felsen und nicht als Pudding zu sehen, das ist der Weg in der Hundeerziehung. Ein Pudding kann übrigens auch wieder fest werden.

Der Hund wird sich sicherer fühlen, wenn sein Mensch sicher ist, und Ansagen ernst nehmen. Aber Ansagen dürfen keine leeren Versprechen sein, sie müssen mit Taten untermauert werden. Denn nur durch konsequentes Handeln entsteht Vertrauen und Stabilität in jeder Form des Miteinanders. Wo Klarheit und Verlässlichkeit fehlen, bleibt nur Unsicherheit zurück – und genau das untergräbt jede echte Verbindung.

Meine jetzige Hündin Juulaa ist ein schwarzer Malinois-Schäferhund-Mix aus der Leistungslinie. Sie habe ich als Zwingerhund aus einer Beschlagnahmung übernommen. Sie hat nicht nur das Potenzial, andere Hunde zu verletzen, sie hat schon mal einen kleineren Hund getötet. Der kleine Hund war allein schon aufgrund seiner Gewichtsklasse deutlich unterlegen, doch das hielt ihn nicht davon ab, sich immer wieder mit Juulaa anzulegen. In einem Moment der Unachtsamkeit waren die beiden plötzlich allein und Juulaa nutzte die Gelegenheit aus. Wären sie gleich groß gewesen, hätte die Auseinandersetzung nicht tödlich geendet, sondern nur mit ein paar

Bisswunden oder Hämatomen. Doch 3 Kilo gegen 30 – keine Chance.

Wäre sie in den falschen Händen gelandet, wäre sie sicher aggressiv an der Leine und schwer zu händeln gewesen. Bei ihrer Schwester, die anderswo lebt, ist es genauso gekommen. Die Schwester ist nun ein Hund, der nur Probleme macht.

Juulaa ist superruhig und immer an meiner Seite. Was also hat ihr geholfen, ihre Aggressionen in den Griff zu bekommen? Warum kann ich sie heute ohne Leine überall mit hinnehmen? Nun, die 08/15-Erziehung greift hier einfach nicht. Damit kann ich nichts anfangen – sie aber auch nicht. Sitz und Platz kann sie immer noch nicht perfekt. Ist ja auch Dressur. Ich hatte das Verständnis dafür, dass sie vorher eingesperrt war und jemanden an ihrer Seite brauchte. Ich habe sie also angenommen, aber auch nie übermäßig betüddelt. Das hat bei ihr viel gekittet. Ich habe mein Leben gelebt und sie wusste: Scheiße, wenn ich dem jetzt nicht nachlaufe, dann verliere ich ihn! Das hat sie gespürt. Ohne dass ich gemein oder aggressiv werden musste. Was nicht heißen soll, dass ich immer fair zu ihr war. Schlechte Laune hat jeder mal, sie übrigens auch. Ich behaupte, dass wir eine wirklich gute Beziehung haben. Ganz ohne bestechende Würstchen – wir brauchen keine erkaufte Freundschaft. Damit möchte ich nicht behaupten, dass Würstchen beim Einüben von Sitz, Platz und anderen Dressurübungen nicht hilfreich sind – das sind sie definitiv. Doch es ist zwingend erforderlich, zwischen Dressur und Erziehung zu unterscheiden. Erziehung ist die Fähigkeit, im sozialen Kontext angemessen zu agieren, erwünschtes Verhalten durchzusetzen und unerwünschtes zu unterbinden. Uff, klingt das geschwollen und theoretisch …

So wie damals mit meinem Rosco in seiner Ernsthaftigkeit, der ja auch gebissen hatte. Vermutlich hat mir das Tierheim diesen Hund geschenkt, weil sie wussten, den nimmt eh nie-

Am See mit Juulaa

mand. Ich bekam ihn sozusagen mit Kusshand … Mit ihm habe ich gestritten und ihn auch mal zum Kuckuck gejagt. Ich hab ihn situativ streunen lassen, auch nachts – heute undenkbar. Ich habe das nicht vorgegeben. Geh oder komm halt wieder und pass auf mich auf, was auch immer. Das habe ich ihm gegenüber ausgestrahlt. Es hat ja funktioniert. Nur ich musste mich nicht verstellen, ich war so.

Sinan mit Gerd – frei und ohne Maulkorb unterwegs

Und was wünschen sich die meisten Menschen, die einen Hund aufnehmen? Richtig, Harmonie. Sie schauen gar nicht mehr auf das, was vielleicht viel wichtiger für den Hund wäre. Seine wahren Bedürfnisse, sein Wunsch nach sozialem Austausch. Er soll einfach nur funktionieren und dressierbar sein. Das ist frustrierend für die Hunde. Das führt zu gefährlich aggressivem oder störendem Verhalten. Dabei möchte ich nicht abstreiten, dass die Absicherung mittels eines Maulkorbs oder einer Leine bei einem wirklich gefährlichen Hund notwendig ist! Doch ein solcher Hund sollte niemals in sozialer Isolation enden.

Sinans Fall, der ursprünglich aus Spanien stammte und in Deutschland strandete, verdeutlicht anschaulich, was »nicht gesehen werden« beziehungsweise das Missachten von Bedürfnissen mit einem Hund machen kann. Die Geschichte von Sinan, den Schwerverbrecher aka. »der Traurige«, rührt mich nach wie vor sehr.

Ich kann mich noch gut an ihn erinnern, an unsere erste Begegnung. Er wurde als sehr bissig geschildert und von einem, nennen wir ihn mal »Kurier« gebracht. Da saß er nun, ein Häufchen Elend, knurrend mit seinem Maulkorb und einer viel zu kurzen Leine vor mir. Ich wollte eigentlich wieder auf Tour gehen, um Straßenhunde zu beobachten, und hatte nicht wirklich Zeit für ein Problem. Was tut ein Streuner, wenn er spürt, dass Freiheit, Reisen und Abenteuer zu seinen tiefsten Bedürfnissen gehören? Er folgt seiner Veranlagung – und nimmt den Hund mit auf die Reise.

Wir haben dann Bulgarien und andere Länder besucht. Den Maulkorb hat er abbekommen, stattdessen trug er ein schickes Halsband mit integriertem Halstuch. Das sah einfach cool aus und gab ihm eine ganz andere Optik. Und es macht schon etwas aus, wie man einen Hund sieht: Der Aggressive mit dem Maulkorb oder der Nette mit dem Halstuch … Man konnte so schön beobachten, was dieses neue Leben mit ihm machte. Der junge Rüde, gefesselt durch Maulkorb, Leine und Misstrauen entwickelte sich zu einem lebensfrohen Weltenbummler. Er musste lernen, mit Menschen und Hunden klarzukommen. Dafür ging er durch eine harte Schule. Er wurde durch die Straßenhunde, die uns begegneten, und das Leben selbst wieder in Form gebracht. Er konnte dort lernen, mit Aggression umzugehen, sich zu zügeln, denn Straßenhunde sind sehr ernst zu nehmen. Er machte die Erfahrung, dass Hündinnen ihn abwiesen und bei seinen Annäherungsversuchen eben auch ein Wörtchen mitzureden hatten.

Nach ein paar Monaten habe ich ihn an einen guten Freund vermitteln können, bei dem er weiterhin meist ohne Leine laufen durfte. Er war wieder frei und nicht mehr verzweifelt. Mittlerweile ist er alt und erblindet. Dass ich Sinan abgegeben habe, hat mein Herz gebrochen und viele Tränen verursacht, doch er hat es jetzt gut.

Immer wieder habe ich Hunde mit Ecken und Kanten, die nicht vermittelbar oder auffällig waren, mit auf meine Reisen genommen. So auch Vodka, ein rund 80 Kilogramm schwerer zentralasiatischer Owtscharka. Ich las zuvor von ihm in der Zeitung, ohne zu ahnen, dass ich eines Tages selbst mit ihm zu tun haben würde. Die 33-jährige Halterin verbarrikadierte sich aus Angst vor ihm in einem Zimmer ihres Hauses; erst ein Polizeieinsatz löste die Situation auf. Während des Einsatzes rief mich ein mir bekannter Tierarzt an und erzählte davon. Ich sollte unterstützend kommen, da man sich dem Tier nicht folgenlos nähern konnte. Was soll ich sagen … Nach dem Einsatz konnte ich den sedierten Vodka dann mithilfe einer Schubkarre vom Auto in seine Unterkunft im Hundezentrum transportieren.

Auf unserer Reise veränderte sich seine Ernsthaftigkeit, er wurde zugänglicher. Ihm gefiel, was er mit uns erlebte. Viele Rüden wollen ernst genommen werden, sind Abenteurer und doch ein wenig »Kind im Manne«.

Vodka

Hündinnen haben genauso das Recht, ernst genommen zu werden und entsprechend ihrer genetischen Veranlagung zu leben. Wer eine Hündin hat, kann das Wort »Hündin« in diese Zeilen einfügen – denn ihre Präsenz und ihr Wesen verdienen ebenso Beachtung. Dennoch waren die meisten auffälligen oder gefährlichen Hunde Rüden.

Hunde in Menschenobhut dürfen Aggression in der Regel selten bis gar nicht zeigen, da sie als etwas sehr Negatives gilt. Möglicherweise zeigen unsere im Haus lebenden Hunde sogar Verhaltensweisen, die nur bei der jeweiligen Person oder Familie vorkommen. Bei für den Menschen unangenehmen Auffälligkeiten unterstelle ich dem einen oder anderen Hund sogar Spaß und Schauspiel bei der Eskapade. Manche Hunde brauchen, ähnlich wie Menschen, eine Bühne. Der Hundehalter ermöglicht die Dramaturgie oft ungewollt durch unbeholfenes Verhalten. Ähnlich wie auf einer Bühne wird er zum Mitwirkenden eines Schauspiels, während die Passanten zu Statisten werden. Manche Hunde genießen es geradezu, im Mittelpunkt zu stehen und nutzen jede Gelegenheit, ihre Besitzer vorzuführen oder ihre Gefährlichkeit zu unterstreichen.

In Hundeschulen stechen ehemalige Straßenhunde oft sofort ins Auge. Einige von ihnen wirken im Training regelrecht abwesend, während andere eine deutliche Widerwilligkeit zeigen, sich den Übungen zu fügen. Das Training wird dadurch nicht nur für die Hunde, sondern auch für die Hundehalter zu einer großen Herausforderung. Es ist, als ob die Hunde sich störrisch gegen die Anweisungen wehren. Manche Halter werden dadurch unsicher und gestresst – insbesondere, wenn sie beobachten, dass andere Hunde sich problemlos anpassen. Während Junghunde oft noch bereitwillig mitmachen, zeigt sich mit zunehmender Geschlechtsreife und steigendem Alter eine verstärkte Pöbelei an der Leine gegenüber Artgenossen.

Wer sich schon mal auf einen freilebenden Straßenhund eingelassen hat, wird schnell gemerkt haben, dass diese Tiere bei Zuwendung erst einmal eine Erwartungshaltung zeigen. In erster Linie geht es um Fressbares und später um eventuelle soziale Nähe oder Streicheleinheiten. Manche Hunde laufen eigennützig weiter zum nächsten Menschen, wenn sie nichts zu fressen bekommen. Wenn sich ein Tier doch für Streicheleinheiten entschieden hat oder eine Ressource vermutet, dann kann es sein, dass dieser Mensch sehr schnell in Beschlag genommen und verteidigt wird. Allein die Vermutung von etwas Fressbarem oder der Geruch reichen aus.
Bleibt man eine Weile bei den Hunden stehen oder setzt sich zu ihnen, kann es sein, dass eine gewisse Zusammengehörigkeit vermittelt wird. Dies kann für einen eventuell vorbeikommenden Hund oder Menschen sehr unangenehm werden. Nicht selten werden in so einer Situation Scheinangriffe auf den jeweiligen Eindringling gestartet, untermalt durch lautes Bellen.
Jeder, der Straßenhunde ernsthaft beobachten will, sollte nicht unmittelbar während der Beobachtungsphase in den Kontakt mit den Hunden gehen. Man gefährdet nicht nur Menschen um einen herum, sondern ebenso andere Hunde. Denn wird ein Tier den zuständigen Behörden als auffällig gemeldet, kann es passieren, dass der jeweilige Hund schnell eingefangen und ins städtische Tierheim verbracht wird. Außerdem zeigen die Film- oder Fotoaufnahmen dann nicht das natürliche Verhalten der Hunde, sondern verfälschen es. Sie binden den Beobachter mit ins Geschehen ein.
Überträgt man dieses Wissen nun auf neue Situationen, wird die Ursache so manchen Verhaltens klar: Was wird ein von der Straße stammender Hund aus dem Ausland wohl tun, wenn der neue Hundehalter beim Spaziergang auf andere Menschen oder Hunde trifft? Richtig, das oben beschriebene Verhalten wird genauso fortgesetzt wie erlernt und manchmal durch die Leine oder das Fehlverhalten des Menschen, das sehr schnell unbewusst bestätigen kann, zunehmend verstärkt. Unerwünschtes Verhalten kann durch

den Hundebesitzer ungewollt gefördert werden, wenn er es entweder unbewusst belohnt – etwa durch Streicheln oder Leckerbissen im falschen Moment. Aber auch inkonsequentes Handeln kann dazu führen, dass der Hund in ein Muster des intermittierenden Verstärkens gerät: Mal wird er für ein Verhalten bestraft, dann wieder ignoriert oder sogar belohnt. Diese Unklarheit schafft Verwirrung und kann dazu führen, dass sich problematisches Verhalten festigt oder sogar verstärkt. Streng genommen ist das gezeigte Verhalten des Hundes sogar normales Verhalten.

Aggressionsverhalten muss als Mittel zum Zweck gesehen werden. Es ist völlig normal und dient dazu, sein Futter oder sein Territorium abzugrenzen oder zu verteidigen, wird von uns Menschen aber aus der Sorge heraus, jemand könnte zu Schaden kommen, als störend empfunden. Aggression passt nicht mehr in unsere zivilisierte, behütete Welt.

An einem schönen Frühlingstag in Varna, Bulgarien, konnte ich eine Situation filmen, bei der ein Mensch fast durch einen Hund gebissen worden wäre, obwohl er dem Rüden zuvor Futter gebracht hatte. Der ältere Mann ging auf den ruhenden Hund zu, der in der Fußgängerzone auf einem grünen Mittelstreifen lag. Aus einer mitgebrachten Tüte schüttelte er Geflügelreste vor dem Hund aus, was dieser wohlwollend zur Kenntnis nahm und sich sogleich darüber hermachte. Der Mann ging ein paar Meter weiter, um die leere Tüte in den Mülleimer zu werfen, und blieb beim Zurückgehen noch einmal kurz bei dem fressenden Hund stehen und – zack! – in Nullkommanichts schnappte dieser in Richtung Unterarm des Mannes. Aus Sicht des Hundes erhob der Mann also wieder Ansprüche auf die Nahrung und der Hund signalisierte ihm, dass er nicht teilen werde.

Diese Situation wurde von einigen Menschen beobachtet, doch alle inklusive des alten Mannes wirkten eher unbeeindruckt und stuften diese Situation als nicht weiter bedrohlich ein. Der alte Mann ging einfach weiter. Genauso, wie das Leben drumherum

einfach weiterging. Der Hund widmete sich weiter seinen Geflügelabfällen.
Etwas später näherte sich ein Kind auf einem Tretroller dem Hund. Kurz hielt ich den Atem an – doch in dieser Situation? Keine erkennbare Reaktion des Hundes. Es kam auch eine Frau mit ihrem Hund vorbei. Hier zeigte der Rüde ebenfalls keine Regung oder gar Ansätze, eine Attacke zu starten. Ein gutes Beispiel für eine der Situation angemessenen Aggression, die nur dem Mann galt, der Futterneid auslöste. Für mich war diese Situation ebenso eindrücklich, wie sie auch die Frage aufwarf, warum wir aus angepasster Aggression eigentlich so große Ereignisse machen.

Es beginnt meist im Kopf

»Worte sind auch Gewalt.«

Ich erinnere mich, mal eine Grafik einer Versicherung gesehen zu haben, die veranschaulichte, wo für Kinder die Gefahrenquellen im Haushalt liegen, wodurch ein Kind im eigenen Haushalt tödlich verunglücken kann. Was ist also gefährlicher: Haushalt oder Straße? Für mein Empfinden sind Helikoptereltern oder auch Helikopterhundehalter diejenigen, die ihr Kind oder ihren Hund in größere Gefahr bringen. Die aufgrund ihrer Ängste und Sorgen die freie Entwicklung und Entfaltung ihrer Schützlinge eher behindern als beflügeln. Denn wer Gefahr nicht erkennen kann und nicht lernt, dass es potenziell gefährliche Situationen, Gegenstände und Personen gibt, der kann sich später fahrlässig in Gefahr begeben und Schaden erleiden oder umkommen. Die Fähigkeit, zwischen Gefahr und Ungefährlichem zu unterscheiden, muss durch Ausprobieren erlernt werden dürfen – unter dem Schutz und der sorgfältigen Beobachtung von Verantwortlichen. Ein Abschirmen ist dagegen der falsche Weg.

Oder Rasenmäher-Eltern – die quasi alles niedermähen, was im Weg zu stehen scheint. Hauptsache, dem eigenen Kind oder Hund passiert nichts. Man hält sie wie unter einer Käseglocke abgeschirmt und vermeintlich beschützt, dabei nimmt man ihnen die Möglichkeit, Gefahrensituationen selbst richtig einzuschätzen und adäquat darauf zu reagieren. Das gefährdet erst recht das Überleben. Ich selbst habe ein sehr sensibles Gefahrenbewusstsein. Das hat mir aber niemand beigebracht, sondern das habe ich im Leben gelernt. Was ist Leichtsinn, was

Mut? Die Grenze ist oft weich und es hilft nur, eigene Erfahrungen machen zu dürfen.

Gewalt habe ich zur Genüge erlebt. Wie jemand ein Messer in den Rücken bekommen hat, brutalste Schlägereien mit allen möglichen denkbaren Verletzungen. Zum Beispiel wenn wir andere Gruppen wie Hooligans »abjacken« wollten, uns in Großgruppen zusammengetan haben und mit dem Ziel losgezogen sind, neue Klamotten zu bekommen. Die hatten immer die neuesten Markenprodukte, angesagte Kleidung. Wir sind mit Fäusten und Stangen hin und haben geshoppt auf Straßenmenschen-Art. Da kommt mir wieder das Lied der »Toten Hosen« in den Sinn: Hier kommt Alex. »Ob mit Stöcken oder Steinen, irgendwann platzt jeder Kopf …«

Von meinem Adoptivvater habe ich viel Prügel kassiert. Wirklich viel! Ich wurde hart dagegen und fühlte es irgendwann nicht mehr. Ich konnte den Schmerz einfach abschalten, war quasi immun dagegen. Aber die Worte, die habe ich heute noch im Kopf. Worte sind auch Gewalt. Manchmal mehr, als man glaubt.

Besonders heutzutage ist es einfach, Worte gewaltsam einzusetzen, da keine unmittelbare Konsequenz droht. Soziale Medien machen es möglich. Als ich begann, das Leben von Straßenhunden zu beobachten und zu dokumentieren, hat das auch diejenigen auf den Plan gerufen, denen ich anscheinend das lukrative Geschäft mit Auslandshunden zu versauen drohte. Ich wollte aufräumen mit dem Irrglauben, allen Straßenhunden gehe es schlecht und alle seien rettungsbedürftig. So einfach ist es leider nicht.

»Was für ein dreckiger Bastard!« – »Verrecke, du Sack!« und viele weitere und teils handfeste Drohungen waren öffentlich lesbare Kommentare auf meine Beiträge oder erreichten mich als Privatnachricht. Das war dann die Antwort vom Tierhandel auf meine beginnende Arbeit. Oder von emotional aufgebrachten Menschen, die wenig hinterfragen. Anfangs hat mich das tatsächlich krank gemacht. Ich bekam Bluthochdruck, Herzrhythmusstörungen und viele weitere Stressanzeichen – wie ein Hund ebenfalls krank werden kann, der unter Stress steht. Und ich dachte immer: »Ich will doch nur Hunde filmen und berichten …«

Verteidigung lohnt sich

»Personenbezogene Sympathie und Antipathie spielen eine Rolle.«

Wir Punks wurden richtig böse, wenn jemand anderes an eine »unserer« begehrten Stellen gegangen ist, die gut zum Schnorren war. »Hau ab hier, das ist mein Schnorrplatz!«, hieß es dann – und dieses Territorium wurde zur Not körperlich verteidigt. Auch bei anderen Obdachlosen kann man das Phänomen beobachten: Schnorr- oder Schlafplätze werden nicht kampflos aufgegeben, niemals. Will ein Fremder oder Konkurrent ebenfalls an derselben Stelle betteln, wird er im wahrscheinlichsten Fall weggejagt. Die Ethogramme (Straßen-) Mensch/Hund lassen hier doch deutliche Parallelen erkennen, die nicht von der Hand zu weisen sind.

Die Verteidigung vom Menschen, Territorialverhalten, Aggression an der Leine – alles hündische Verhaltensweisen, die beinahe immer als störend empfunden werden, fast schon als asozial. Es ist übrigens bei Hunden generell völlig normal, dass der eine dem anderen unmissverständlich erklärt: »Abstand halten, ich lauf jetzt hier!« Oder »Pfoten weg, der gehört zu mir!« Dies oft genug zu wiederholen, scheint mir notwendig. Was nicht heißt, dass alles zugelassen werden sollte. Darf sich ein Hund im Großen und Ganzen als Hund verhalten, also mit seiner Persönlichkeit, dann kann man schon mal den unerwünschten Tobsuchtsanfall in die gewünschte Richtung formen.
Zurück zum Territorium: Die Hunde liegen nicht umsonst an einem Denkmal oder Mülleimer. Viele Liegeplätze erfüllen, näher betrachtet, einen Zweck. Tankstellen, Restaurants oder der gute Im-

biss sind ebenfalls schöne Plätze. Was den Besuchern dort zu viel war, wird häufig weggeschmissen. Und da findet sich dann direkt ein dankbarer Abnehmer für Döner- oder Pizzareste, altes Brot oder Hühnerknochen. Hierzulande würden Hundebesitzer sofort auf die Barrikaden gehen: Hühnerknochen? Nein! Um Himmels willen! Ja, es gibt Hunde, die können damit wirklich nicht umgehen. Aber die Hunde dort, die fressen fast jeden Tag Hühnerknochen. Gebratene! Und sie leben alle noch. Zumindest ist mir kein Fall bekannt, bei dem ein Hund daran verendet ist. Was nicht ausschließen soll, dass es solche Fälle geben könnte. Die Hunde auf der Straße lernen, die Knochen zu zermalmen und nicht einfach im Ganzen herunterzuschlucken. Und wenn das doch mal vorkommt, scheint es so, als ob ihr ganzer Verdauungsapparat damit umgehen kann. Sie schlecken auch scharfkantige Blechkonserven aus, in großem Maße sogar, ohne sich daran zu verletzen.

Der aus Bulgarien stammende »Einäugige«, den ich Captain Jack Sparrow nannte und der später bei uns im Hundezentrum lebte, schaffte es einmal, aus seiner Unterkunft zu entwischen und über den Müll herzufallen. Da gab es so viele Hundefutterdosen auszuschlecken oder zu knacken. Er hatte nicht eine Verletzung. Erstaunlich war das.

Auffällig ist, dass die Hunde sehr gut differenzieren, wer angepöbelt wird und wer nicht, wer Eindringling und wer geduldet ist. Sie scheinen auf Bekannte und Unbekannte sowie die Situationen zu achten, bei denen auch personenbezogene Sympathie und Antipathie eine große Rolle spielen. So ein Szenario kann sich sehr schnell entwickeln: Der Hund liegt zunächst tiefenentspannt und eingerollt da, hebt im nächsten Moment den Kopf und stellt die Ohren auf Lauschangriff, sucht mit dem Blick und startet drauf zu. Jetzt kommt das von mir so bezeichnete gerichtete Alarmbellen, das wiederum andere Hunde auf die Situation aufmerksam macht, und so kann es passieren, dass sich plötzlich eine ganze Gruppe bei dem vermeintlichen Eindringling einfindet.

Captain Jack Sparrow, der Einäugige. Im Frühjahr 2025 musste er leider im hohen Alter eingeschläfert werden.

Anwohner von Blockbauten in Bulgarien machen sich dieses Verhalten der Hunde durch gezielte Fütterungen zunutze. Eine Bekannte erzählte mir, dass im Winter oft die Eingangstüren zum Treppenhaus offen bleiben, damit die Hunde vor Kälte und Nässe geschützt seien, umgekehrt ein großer Nutzen durch die Tiere entsteht. Die Hunde fangen nämlich an, das Gebäude und somit die Wohnungen der Anwohner zu verteidigen. Die Wachhundefunktion ist aktiviert und es braucht sich niemand größere Sorgen um sein Hab und Gut zu machen. Wenn wenig Geld da ist, ist dies außerdem die billigste Alternative für einen Wachhund. Mit Essensresten oder billigem Hundefutter werden die Hunde versorgt und da es nicht die eigenen sind, muss auch kein Tierarzt bezahlt werden – wobei manche es trotzdem tun. Manchen Hunden werden sogar kleine Hüttchen errichtet. Da halten die Nachbarn schon mal zusammen. Dies ist leider nicht überall so.

Selbst Katzen bleiben vor diesen Angriffen nicht verschont. Im Gegenteil: Gerade jungen Hunden scheint es enormen Spaß zu machen, Katzen in territorialer Manier davonzujagen. Im Herbst und Winter konnte ich solches Verhalten gegenüber Katzen öfter beobachten als im Frühling oder Hochsommer. Die warmen Temperaturen scheinen da einen Unterschied zu machen. Die Tiere sind dann einfach zu träge, um Sport zu treiben. Weiterhin sind in der warmen Jahreszeit auch nachts viel mehr Menschen auf der Straße, für die Straßentiere gibt es viel zu sehen und zu erleben. Das Leben auf der Straße bringt Abenteuer, Vielfalt und die Freiheit, eigenständig zu handeln. Jeder Tag ist unvorhersehbar, jede Begegnung eine neue Erfahrung. Genau darin liegt der Reiz.

Von Zirkus und Räuberhöhle

»Mach das nie wieder, du Arschloch!«

Schon als ich noch zu Hause lebte, war ich auf der Suche nach Abenteuern. Da kam ein Projekt des Jugendamtes gerade recht: Man konnte in den Sommerferien bei Circus Probst mitfahren – damals ein kleiner Zirkus, der im Laufe der Jahre zu einem großen wurde. Es war einfach wunderbar, es gefiel mir sehr. Das war eine der schönsten Zeiten in meinem Leben. Die Zirkusfamilie war so echt. Das Leben und der Umgangston dort waren manchmal rau, aber herzlich. Ich war im Wohnwagen mit Erik und seinen Eltern, wir hatten dort ein kleines Abteil, wie ein Zimmer nur für uns. Sie haben mich so warmherzig aufgenommen, als wenn ich das eigene Kind wäre. Zu Hause hatte ich nun als Adoptivkind viel Materielles, Spielzeug und so. Dort gab es das nicht, nur die Zirkuswelt. Und da war ich happy.

Im Alter von zwölf oder dreizehn Jahren war ich das erste Mal dort und blieb die gesamten Sommerferien. Und zusätzlich immer mal wieder zwischen den Schulzeiten. Mein Adoptivvater bezahlte die Familie dafür, dass ich da sein durfte und natürlich auch verpflegt werden musste. Mein Adoptivvater fragte später sogar bei Circus Krone an, ob es eine Möglichkeit gibt, mich mitzunehmen. Aber das ging nicht, ich war ja minderjährig.

Kurz vor der Corona-Pandemie besuchte ich Circus Probst noch mal in Ansbach. Die Zirkusleiter, Brigitte und Reinhard, und selbst der ehemalige Clown erkannten mich sofort wieder, waren genauso wie damals und luden meine Familie und mich in die Vorstellung ein. Reinhard war damals Artist am Trapez und Messerwerfer. Auch ich durfte am Messerbrett stehen – genau der richtige Nervenkitzel. Brigitte trainierte die Pferde und bildete die Kunstreiter aus.

Eine andere Art von Ersatzfamilie erlebte ich, als es mich Anfang der 90er Jahre nach Berlin verschlug. Ich war kurz vor der Volljährigkeit und landete in der Kinzigstraße 9 im Bezirk Friedrichshain in einem besetzten Haus. Ich nannte es »die Räuberhöhle«. Gewalttätige Auseinandersetzungen waren hier an der Tagesordnung. Mit Nazis, der Polizei und Autonomen aus dem Seitenflügel. Wir hatten verschiedene Kulturen da, politische Aktivisten mit ihrer eigenen Form der Weltanschauung und von allem etwas: lebensenttäuschte Menschen, die mit Mühe und Not versuchten, eine Ersatzfamilie zu stricken. Sarkastisch ausgedrückt bestand die Familie der Punks meist aus Vater Alkohol und Mutter Droge. Einerseits waren die Menschen dort warmherzig, andererseits aber auch unnahbar und gefährlich. Und da fühlte ich mich wohl. Ich pendelte zwischen Nürnberg, Berlin und Österreich hin und her, immer mit dabei: Rosco.

Mein Adoptivonkel hatte mich zu dieser Zeit zufällig mal auf der Straße in Nürnberg gesehen, mich aber kaum wiedererkannt, wie er später berichtete. Ich wog damals nur noch 54 Kilo und sah seiner Beschreibung nach aus wie ein »Zombie«, so als ob ich nicht mehr lange zu leben hätte.

In Berlin gab es jeden Tag Party, laute Punkmucke. Die Sex Pistols waren mein Geschmack. Wir haben täglich gesoffen, teilweise exzessiv. Unten im Haus war so etwas wie eine selbstverwaltete Kneipe. Wenn der Alkoholpegel noch im Rahmen war, war die Stimmung bombastisch. Alle haben sich unterhalten, gelacht, viel Blödsinn geredet. War irgendwann zu viel Alkohol geflossen, vor allem Schnaps, kippte die Stimmung oft. Dann gab es Schlägereien und Schlimmeres. Ab und an musste der Rettungsdienst gerufen werden und das war schwierig, denn damals gab es keine Handys, sondern Telefonzellen, und die waren nicht an jeder Ecke und oft kaputt.

Heute trinke ich überhaupt keinen Alkohol mehr. Die Zeiten sind vorbei. Der Alkohol tat mir wirklich nicht gut. Die Dosis war das Gift für mich …

Zu dieser Zeit hatte ich erneut einen regen Wechsel an Freundinnen, konnte nie länger bei einer bleiben. Mit Chris, einer Punkerin aus Ostdeutschland – sie hatte wunderschöne blauen Augen –, war ich knapp zweieinhalb Jahre zusammen. Immer wieder mal, mit Pausen. Aber eigentlich war sie die Falsche für mich. Sie war selbst nicht gefestigt, und für Außenstehende wirkten wir wohl wie eine Mischung aus Bonnie und Clyde oder Susi und Strolch – nur dass sie mich ständig betrog.

Insgesamt war es eine sehr, sehr gefährliche Zeit. Es ist ein Wunder, dass ich sie überlebt habe. Dafür bin ich Gott wirklich dankbar. Wir haben allerlei waghalsige Mutproben unternommen, toppten uns gegenseitig in unserem Leichtsinn. Manchmal sind wir auf Flachdächer gestiegen, um dort von Haus zu Haus zu springen. Im dritten oder vierten Stock. Es ging steil hinunter, wir waren dabei teilweise völlig besoffen. Einer fiel im Suff aus dem Fenster und stürzte mehrere Stockwerke hinunter. Er überlebte schwer verletzt, was ebenfalls ein Wunder war. Ein anderer, den ich nicht kannte, nahm Anlauf und sprang vom Dach, in der Meinung, er könne fliegen. Wahrscheinlich war in diesem Fall LSD im Spiel. Gott sei Dank nahm ich so etwas nie. Der junge Mann überlebte diese Aktion nicht.

S-Bahn-Surfen in Berlin war ein weiteres unserer Hobbys zwischen den Mutproben und Exzessen. Dabei hangelte ich mich während der Fahrt an der Bahn entlang, von Tür zu Tür. Ich stieg während der Fahrt aus und wieder ein. Damals konnte man die Türen während der Fahrt noch öffnen, das war so eine Sicherheitslücke. Also wir surften nicht auf dem Zug, sondern hingen quasi an der Seite und hielten uns nur mit den Fingerspitzen in einer kleinen Rinne oberhalb der Türen fest. Der große Nervenkitzel daran war, dass man draußen hängen blieb, wenn einem eine andere S-Bahn entgegenkam. Damals haben das viele gemacht. Die Frage war dann immer: Hängt da an der entgegenkommenden Bahn jetzt auch einer an der Seite? Es gab auch Surfer, die auf dem Dach der Bahn balancierten. Im Nachhinein betrachtet komplett irre. Bei Wikipedia kann man nachlesen, dass es zwischen 1989 und 1995 in Berlin 41 Unfälle in Zusammenhang mit S-Bahn-Surfen gab. 18 dieser Unfälle führten zum Tod der Personen. Sie gehörten zur Altersgruppe 13 bis 25 Jahre.

Zu dieser Zeit war ich mit Momo zusammen, eine Art Ersatzfreundin zu Chris und Julie. Die Frau war richtig crazy, total durchgeknallt. Zudem war sie sehr hübsch. Diese Mischung machte sie bei uns werdenden Männern sehr begehrt. Das Gute an Momo: Sie war an ebenfalls durchgeknallten Typen wie mir interessiert. Da durfte einer verrückter sein als der andere, das spielte mir in die Karten. Es war eine On-Off-Beziehung mit ständigen Turbulenzen. Einmal, als ich gerade mit ihr Schluss gemacht hatte, hat sie aus Protest vor allen Leuten in die S-Bahn gepinkelt. Sie wollte, dass es mir peinlich ist. So war sie drauf. Wir haben uns gegenseitig abgeblockt und dann wieder angezogen. Ein Wechselbad der Gefühle.

Bei einer dieser S-Bahn-Surf-Aktionen hing ich wieder während der Fahrt vor der geöffneten Tür, sie stand in der Bahn und wir haben geredet. Sie sagte noch: »Lass das jetzt, es reicht. Komm wieder rein!« Aber ich wollte einfach nicht. Es war wie eine Sucht und verschaffte mir einen richtigen Kick. Da hing ich also draußen und weil sie mich so angezickt hatte, ließ ich mich aus Spaß nach unten fallen, hielt mich aber gekonnt an den Griffen der Tür fest. Nur sah man das von innen schlecht. Als ich wieder hochkam, blickte ich in ihr kreidebleiches Gesicht. So ging ich wieder in den Innenbereich. Die Stimmung der Kumpels, die dabei waren, war ebenfalls auf dem Nullpunkt, keiner sagte etwas. Momo fand als Erste wieder Worte und fuhr mich an: »Mach das nie wieder, du Arschloch!« Zunächst verstand ich nicht, warum plötzlich Schluss mit lustig war. Was war passiert?

Genau in dem Moment, als ich mich fallen ließ, sauste ein Schild oder ein anderer Gegenstand über mich hinweg. Wäre ich nicht »gefallen«, hätte ich geköpft werden können. Ich hätte wieder einmal sterben können und wäre einer der Toten aus diesem Wikipedia-Eintrag gewesen. In diesem Moment wurde ich erneut durch Gott geschützt, da bin ich sicher. Die Crazy Momo hat dann endgültig Schluss gemacht, weil ich ihr doch zu wild war.

Unsere Unternehmungen wurden immer waghalsiger. Am Ende plante ich, von einer Brücke aus der fahrenden S-Bahn direkt in die Spree zu springen. Zum Glück habe ich das dann doch nicht gemacht. Wahrscheinlich zu besoffen. Die Schrecksituation mit dem Schild, das mich beinahe den Kopf gekostet hätte, saß zudem wohl noch tief und verhinderte die nächste lebensmüde Aktion.

Mein Hund war entweder immer dabei, es hielt ihn jemand von den Kumpels an der Leine während meiner Abenteuer. Oder er blieb im besetzten Haus bis zu meiner Rückkehr. Damals richteten wir unser Leben nicht nach den Hunden aus. Sie kamen entweder mit oder warteten eben, wo wir sie ließen.

Hunde ziehen Nutzen aus dem Leben in der Nähe von Menschen, weil sie sich gern von deren Nahrungsresten aus dem Müll ernähren. Dennoch benötigen sie keine vollständige Kontrolle durch den Menschen, sie bleiben lieber eigenständig. Auch Haushunde haben das Bedürfnis, zu streunen und ihre Umgebung zu erkun-

den, früher und in manchen Dörfern auch heute noch ein normales Bild.
Streunende Hunde habe ich in Rumänien oder Bulgarien selten jagen sehen. Dieselben Hunde, die nach Deutschland oder in den Westen gebracht werden, entwickeln jedoch oft ein jagdliches Verhalten. Das stellt für ihre Halter teilweise ein großes Problem dar. Man sollte sich fragen, warum das so ist. Brauchen sie mehr Freiheit und Selbstbestimmung?

»Gerd wurde störend im Kindergarten …«, so die Zeilen aus den Akten des Kinderheims zu Beginn dieses Buches. Wahrscheinlich hat auch mein Adoptivvater mich als störend empfunden, als er mir seine handwerklichen Fähigkeiten zeigen wollte. Auch in der Schule galt ich als Störer, weil der Unterricht und der Lehrplan für mich keinen Sinn ergaben. Ich stelle die These auf, dass Langeweile und Unterdrückung störendes Verhalten auslösen? Wenn mir alles verboten wird, kämpfe ich eben für meine Freiheit. So werde ich nicht wahnsinnig, sondern zum Freiheitskämpfer für mich selbst. Hierzu mal eine weitere Theorie von Jack Brehm. Jack Brehm war ein bedeutender amerikanischer Psychologe, der vor allem für seine Arbeit zur Theorie der psychologischen Reaktanz bekannt ist.

»Psychologische Reaktanz« tritt auf, wenn Menschen das Gefühl haben, dass ihre Freiheit eingeschränkt oder bedroht wird. Die Folge kann sein, dass sie das eingeschränkte Verhalten oder die eingeschränkte Entscheidungsfreiheit noch stärker verfolgen, um ihre verlorene Freiheit wiederzuerlangen.

Ein einfaches Beispiel: Wenn jemand versucht, dir zu verbieten, Schokolade zu essen, könnte das deinen Wunsch verstärken, gerade deshalb Schokolade zu essen. Wenn Hunden alles genommen wird, was ihnen Freude bereitet, wenn sie nichts mehr dürfen und ihr natürliches Wesen unterdrückt wird, dann ist es naheliegend, dass sie sich das Fehlende durch situatives Jagdverhalten zurückholen. Ihr eigener Hormonhaushalt belohnt sie dabei zusätzlich, wodurch sich dieses Verhalten noch verstärken kann. Und wenn man es genau betrachtet, ist es doch gut nachvollziehbar: Wer ständig in seinem Sein eingeschränkt wird, sucht sich früher oder später einen Weg, um das Verlorene zurückzugewinnen.

Was das Herz will

»Ich bin verwildert.«

1995 war ich noch immer ein rastloser Punk. Damals landete ich in Bechhofen, einem Dorf 70 Kilometer von Nürnberg entfernt. Ich wollte raus aus dem Sumpf, von der Stadt aufs Land. Mir war bewusst, dass es, wenn ich in der Stadt bliebe, genauso weiterging wie bisher. Ich hatte damals tatsächlich einen Wohnwagen geschenkt bekommen – fast so einen, wie im Zirkus. Kurzerhand ließ ich mir meinen geschenkten Gaul direkt an den Marktplatz in Bechhofen stellen. Dort campierte ich fortan und versuchte, häuslich zu werden. Auf meine Art eben. Ich hängte eine Wäscheleine auf, um meine Sachen zu trocknen – wie man das eben als Hausbesitzer tut.

Zu dieser Zeit lernte ich übrigens Carmen kennen. Die große Liebe meines Lebens. »Menschlich hat er mich interessiert. Weil er immer so bei sich war, irgendwie. Er hat mich neugierig gemacht«, so sprach sie in einer Dokumentation über mich. Im Wohnwagen ist sie vermutlich auch schwanger geworden. Sie war damals komplett geschockt und murmelte beim Blick auf den positiven Schwangerschaftstest nur »Scheiße, scheiße, scheiße …« – und ich habe mich richtig gefreut. Sie sich später natürlich auch! Das war das Beste, was uns je passieren konnte, ein Kind.

Es gab noch viele andere verrückte Geschichten um den Wohnwagen. Natürlich war er vielen ein Dorn im Auge, besonders der Polizei und dem Bürgermeister. Für mich war das unverständlich und nichts Schlimmes, irgendwo zu sein, wie ein »Marktplatzbesetzer«.

Man sagte mir, der Wohnwagen solle weg. Doch ich hörte nicht darauf, da ich schließlich kein anderes Zuhause hatte. Irgendwann ließ der Bürgermeister den Wohnwagen zum Bauhof von Bechhofen abschleppen.

Der Wagen stand eine Zeitlang am Bauhof, während ich eine Wohnung für Sozialhilfeempfänger als Ersatz bekam. Ein Kumpel von mir, Attila, der mittlerweile leider verstorben ist, wusste von dem Wohnwagen am Bauhof und übernachtete dort. Das hätte ihn beinahe schon früher das Leben gekostet. Denn eines Nachts fing der Wohnwagen aus unerklärlichen Gründen Feuer und brannte lichterloh. Attila konnte sich gerade noch retten, aber der Wohnwagen war zerstört. Hauptsache, Attila war nichts passiert. Das war das Wichtigste an dieser schlimmen Sache.

Meine Rückkehr in die Zivilisation ist heute, da ich diese Zeilen schreibe, schon rund 30 Jahre her. Kaum zu glauben, fühlt es sich doch immer noch so präsent an. Es war eine schreckliche Zeit. Der Wechsel von der Straße in die Wohnung ist mir damals furchtbar schwergefallen. Noch heute fühle ich mich zum Teil geborgener auf der Straße, weil ich weiß, wie man dort lebt – und überlebt. Viel besser, als in unserer stressigen, gehetzten und zunehmend digitalisierten Gesellschaft. Alle sprechen davon, sich zu erden und wieder mehr Bezug zur Realität, zum Leben zu finden. Das war für mich das wahre Leben. Abgesehen von Gewalt, Einsamkeit, Herausforderungen und den damit einhergehenden Unannehmlichkeiten verknüpfe ich mit der Straße Freiheit und zahlreiche gute Dinge. Ich musste nie ins Bett gehen, wenn es mir jemand sagte. Konnte allein sein, wenn ich wollte, oder mich mit Leuten treffen, wenn mir nach Gesellschaft war. Ich konnte in jeder Lebenslage frei entscheiden – zumindest, wenn es sich im gesetzlichen Rahmen bewegte.

Hunde und Katzen, die ein freies und selbstbestimmtes Leben auf der Straße führen, können verwildern, das heißt zu ihrem ursprünglichen Verhalten ohne Zutun des Menschen zurückkehren. Ich behaupte, bei Menschen gibt es das auch. Ich jedenfalls bin verwildert. Die Straße lässt einen nie wirklich los. Das macht mir im Hier und Jetzt, so viele Jahre danach, noch Probleme. Meine Reisen ins Ausland sind daher auch eine Flucht. Ein »Ich will zurück« – es zieht und zog mich immer mehr in die Freiheit. Ich habe als junger Mann mal ein Gedicht geschrieben:

Freiheit, du ferne Freundin,
du zurzeit unerreichbares Glück.
Ich war dir untreu
und durch meine Dummheit
wurden wir getrennt,
doch ich weiß, du kannst verzeihen
und irgendwann holst du mich zurück.

Diese Zeilen beschreiben meine Gefühlswelt der damaligen Zeit sehr gut, sie wecken in mir heute noch eine große Sehnsucht nach Freiheit und stimmen mich nachdenklich. Wohl deshalb habe ich dieses Gedicht nicht wieder vergessen.

Leben auf der Straße klingt für viele alles andere als erstrebenswert. Aber die Straße beziehungsweise das Draußensein bedeutet für mich, mich wohlzufühlen, Freiheit und Abenteuer, ich rieche es förmlich. Noch heute gehe ich sehr ungern in große Kaufhäuser. Dabei merke ich, wie weit ich von diesem Zivilisationskonsum entfernt bin und wie viel in mir ursprünglich und verwildert geblieben ist.

Im Einklang mit der Natur, aber noch in der Nähe des Menschen – so lebte das scheue Tier.

In Rumänien, an der Grenze zur Ukraine, beobachtete ich einmal einen Kuhhirten mit seinen Hunden. Ich traute meinen Augen nicht, als ich einen mutmaßlichen Mischling aus Wolf und Hund bei der Herde sah. Es war noch ein junges Tier, aber definitiv ein Mischling aus domestiziertem und wildem Tier. Dieser Hund oder Wolf war weder Fisch noch Fleisch. Hin- und hergerissen wirkte er, gefangen zwischen Flucht und Pflichtbewusstsein beziehungsweise sozialer Nähe. Hätte ich diese Situation nicht mit der Filmkamera festgehalten und auch ein paar Fotos gemacht, würde mir wahrscheinlich niemand glauben. Das Tier hatte keinen großen Nutzen und der Kuhhirte bot an, mir den Hund zu schenken. Ich lehnte ab, hätte ihn eh nicht ins Auto bekommen, geschweige denn einfangen können. Aber der Hund hat etwas in mir ausgelöst, ein bekanntes Gefühl. Hin- und hergerissen zwischen Pflichtbewusstsein und Freiheitsdrang, so fühle ich mich auch heute noch. Dieses Gefühl begleitet mich nach wie vor und prägt mein Leben.

Manche Hunde in den Balkanländern führen ein besonders leidvolles Leben – zumindest auf den ersten Blick. Das sind jedoch nicht die freilebenden, sondern vielmehr die Hunde, die in Menschenobhut ihr Dasein fristen. Beim Thema Kettenhunde gibt es keine zwei Meinungen: Das ist ein No-Go und ist zumindest hierzulande gesetzlich verboten. In Rumänien und Bulgarien habe ich viele Kettenhunde kennengelernt.

Komischerweise waren die meisten sehr offen und friedsam. Zugegeben, sozial ein bisschen ausgehungert. Aber dennoch nicht annähernd so auffällig wie manche Hunde hier in unserer Obhut. Das meine ich jetzt rein auf die Persönlichkeit der Hunde bezogen. Der körperliche Zustand und die Haltungsbedingungen sind natürlich leidvoll für die Hunde.

Hier in Deutschland gibt es sehr viele auffällige Hunde, obwohl es so viele Hundeexperten gibt und wir meinen, die Kynologie verstanden zu haben. Aber was ist dann die Ursache? Vermutlich wird

Hund an der Kette

das Wissen falsch umgesetzt. Das Gelernte ist im Kopf – aber der Zugang zum Bauchgefühl, zur Intuition fehlt. Das Leben ist keine stumpfe Theorie oder wunderbar zusammengeschnittene Traumwelt.

Kluge Strategien

»Oh nein, nicht der schon wieder. Der verdirbt mir das Geschäft.«

Wenn man richtig Kohle machen will, darf man nicht mit Nullachtfünfzehn-Sprüchen kommen wie »Haste mal ’ne Mark« – nein, da braucht es schon mehr. »Entschuldigung! – Haben Sie ein wenig Kleingeld, Goldzähne oder Wertpapiere für mich?« – »Wie, Sie haben kein Kleingeld? Kein Problem ich kann rausgeben!« In Berlin haben wir uns beim U-Bahn-Aufgang mit Pappkartons mal eine »Zoll-Station« aufgebaut. Auf einem Pappschild prangten die großen Lettern »Zoll«. Die Leute haben wir dann direkt angesprochen mit: »Habt ihr was zu verzollen: Zigaretten, Alkohol, Geld?« Das fanden sie witzig und haben auch viel gegeben, wenn wir kreativ wurden. »Kollekte für Verdreckte« kam auch immer gut an.

Manchmal, zum Beispiel an Weihnachten, sangen wir als Punker Weihnachtslieder, was die Menschen ebenfalls lustig fanden und uns nicht wenig Geld schenkten. Wieder andere wollten mich zusammen mit meinem Hund fotografieren, wofür ich einen kleinen Obolus verlangte.

Dass Rosco beim Schnorren immer nützlich war, erwähnte ich schon. Er war mein Sprachrohr und durch ihn waren die Leute überhaupt erst bereit, mit mir zu reden und mir zuzuhören. Im Notfall erzählte ich ihnen auch, dass ich Geld für einen Tierarzt benötigte. Die Moralpredigt, die darauffolgte, ließ sich gut wegstecken, wenn man dafür ein wenig mehr Geld bekam: »Nicht einmal Geld für den Tierarzt für den armen Hund, das sind mir die Richtigen …«, das und Ähnliches durfte ich mir anhören. Sei’s drum. Wenn einmal die Strategien, an Geld zu kommen, partout nicht aufgehen wollten, dann wurden eben die Mülltonnen nach Verwertbarem durchsucht oder Dönerläden und andere Fast-Food-Imbisse abgeklappert und nach Resten gefragt.

Außer, dass ich mehrfach dabei verscheucht wurde, haben die Menschen offenbar generell weniger ein Problem damit, einen Menschen zu sehen, der sich am Müll bedient, als wenn sich ein Hund daran zu schaffen macht. Dabei kann das Futter, das er dort findet, eventuell hochwertiger sein als so manches Trockenfutter der Industrie.

Je länger ich mich der Beobachtung von Straßenhunden widmete, desto mehr sind mir die unterschiedlichen Strategien der einzelnen Tiere aufgefallen, die diese zum Beispiel bei der Nahrungssuche verwenden. Da gibt es Hunde, die systematisch ihre Routen laufen, um die gewohnten Müllkübel zu durchwühlen oder Futterplätze mit Näpfen aufsuchen, die Menschen für die Straßentiere hinstellen. Aber auch Hunde, die gezielt vor Restaurants abwarten und aufdringlich um einen Happen betteln.
Einmal begegnete mir auf meinen Reisen ein sehr alter Hund, der sich rund um eine Tankstelle an einer gut befahrenen Straße aufzuhalten schien – ein guter Platz offenbar, um an Nahrung zu kommen. Und dass er so betagt war, zeigt ja nur, dass er anscheinend Strategien hat, um sich zu ernähren. Er humpelte leicht und bestach die heranfahrenden Menschen mit einer zurückhaltenden, sehr freundlichen Art. So erschmeichelte er sich hier mal ein Brötchen, da eine Wurst. Dazu muss man sagen, dass die Hunde meist nicht übermäßig hungrig sind, sondern eher auf Leckereien aus, die ein Mensch für sie aus der Tasche zaubert. Das gilt zumindest für diejenigen Hunde, die sich in belebteren Bereichen aufhalten, also lukrative »Schnorrplätze« haben und somit in der Regel gut versorgt sind.

Eine andere Strategie ist es, einfach nur süß zu sein. Passend dazu nannte ich die Hündin, die das nahezu perfektioniert hatte, »Sweety«. Sie legte sich immer mitten in die Fußgängerzone oder Einkaufspassage, drehte sich auf den Rücken und wickelte durch ihr charmantes Verhalten den ein oder anderen Fußgänger spielend um den Finger. Der Trick ist, über diese Strategie mit dem Menschen in Kontakt zu kommen, um dann etwas zu fressen abzustauben. Per Knopfdruck kann sie ihre Augen im entscheidenden Moment rund und groß erscheinen lassen. Sie sieht dabei aus wie eine junge Robbe. Wenn sie dann noch zu Pföteln beginnt, brechen die Herzen der Menschen. Sie wirkt so hilfesuchend dabei, dass einige Menschen sie schon retten wollten. Doch Sweety ist nicht dumm: Wenn es ernst wird, flüchtet sie in ihre gewohnte Welt – die Straße. Ich habe sie immer wieder beobachtet und gefilmt.

Oft ist die Rede davon, dass alle freilebenden Straßenhunde verfolgt, gefangen und misshandelt werden. Beobachtet man jedoch Hunde wie Sweety, die mitten in der Fußgängerzone liegen und teilweise sogar schlafen, dann kann man sich nur schwer vorstellen, dass zumindest in diesen Gegenden eine große Treibjagd auf Hunde stattfindet. Ich habe auch Gebiete besucht, in denen die Straßenhunde sehr scheu und schreckhaft waren. Dies könnte ein Indikator für Verfolgung sein. Dies abzustreiten wäre schlichtweg eine Lüge, denn solche Fälle gibt es. Aber es gibt auch die Seite der nicht verfolgten Hunde, und das darf man ebenfalls nicht abstreiten. Denn wenn Hunde Gefahr verspüren, legen sie sich nicht so schutzlos hin. Ansonsten hätte man leichtes Spiel mit ihnen. Dieser Hund wiegte sich in Sicherheit. Und selbst wenn sich die Lage ändern würde, hätte er wohl kaum etwas zu befürchten. Denn Hunde auf der Straße warnen sich. Mit einem ungerichtetes Alarmbellen, langsam und monoton. Bedeutet in etwa »Hier bin ich, ich bin da«. Ist es eher ein schnelles aufeinanderfolgendes Bellen, wie ein Maschinengewehr, dann ist es, wie bereits erwähnt, gerichte-

tes Alarmbellen und bezieht sich auf eine konkret wahrgenommene Bedrohung.

Eine weitere Taktik könnte als »die Arme-Seele-Strategie« beschrieben werden: Mit bedrücktem Gesichtsausdruck, Zittern und einem leidenden Aussehen demonstrierte eine Hündin ihre vermeintliche Not. Ich beschloss, die Ernsthaftigkeit der Situation zu testen, indem ich sie mitleidvoll ansprach: »Ooooh, was ist denn los mit dir?«, und ihr die gewünschte Aufmerksamkeit schenkte. Sie folgte mir ein Stück, sie sah wohlgenährt aus. Die Hündin rannte jedoch nach einer Weile schnurstracks zurück zu ihrem üblichen Schnorrplatz, genau wie es die Punks tun. Als ich zurückkehrte und sie mich erneut sah, setzte sie wieder die Arme-Seele-Strategie ein.

Einige Zeit später sah ich die Hündin erneut, diesmal rennend an der Hauptstraße entlang. Zufälligerweise war meine Kamera an und ich fing die Szene ein. Ich vermutete, dass sie wieder vor das Lebensmittelgeschäft wollte, um etwas zum Fressen zu schnorren. Doch als sie auf meiner Höhe war, drosselte sie die Geschwindig-

Direkt am Eingang zu einer Tankstelle fällt für diesen Hund oft etwas ab. Daher bleibt er diesem Platz treu.

Keks

keit, blickte zu mir und lief normal weiter. Man konnte förmlich die Gedankenblase über ihrem Kopf sehen, in der geschrieben stand: »Oh nein, nicht der schon wieder. Der verdirbt mir mein Geschäft.« Sie rannte noch ein Stück weiter, beschleunigte dann wieder und platzierte sich wie erwartet vor dem Lebensmittelgeschäft.

Manchmal saßen sie zu dritt dort, wobei ein junger, kräftiger Rüde offenbar die Rolle des Aufpassers übernahm. Einmal, als ich beim Filmen der Hündin etwas zu nahekam, fing der Rüde an zu knurren. Es ist beeindruckend, zu beobachten, wie Freundschaften in der Tierwelt funktionieren. Sie zeigen ein hohes Maß an sozialem Miteinander, bei dem einer auf den anderen aufpasst. Gleichzeitig gibt es jedoch auch eine scheinbare eiskalte Ignoranz gegenüber anderen – ganz wie in menschlichen Beziehungen, abhängig von der jeweiligen Verbindung.

Ein weiterer Hund, ein Rüde, den ich auf den Namen »Keks« taufte, war ein hervorragender Beobachter mit einer besonders ausgeklügelten Strategie. Er hatte sich auf junge Pärchen spezialisiert und suchte gezielt den Weg über die Frau, um zur Geldbörse des Man-

nes zu gelangen, der letztlich damit Futter kaufen sollte. Keks konnte entspannt liegen oder sich in Ruhe seinen Flöhen widmen, während er mit einem Auge die Umgebung scannte. Sobald er ein potenzielles »Opfer« erspähte, schien er wie auf Knopfdruck seine Masche zu aktivieren. Plötzlich verwandelte sich der große Mischlingsrüde in ein süßes Hündchen. Die menschliche Damenwelt fiel leicht auf seine Erscheinung herein. Keks sah aus wie ein viel zu groß geratener Beagle-Mischling. Indem er den hungrigen Hund mimte, lenkte der clevere Keks von seinem Bauchspeck ab und gewann oft das gutherzige Frauenherz für sich. Die Menschen kauften ihm entweder Burger, schenkten ihm andere Essensreste oder Hundefutter.

Ein Pärchen, das von Keks in Augenschein genommen wurde, ging bei McDonald's essen. Geduldig wie eine Katze vorm Mäuseloch wartete Keks vor dem Restaurant. Als das Pärchen fertig war und

Stets »dick im Geschäft«. Die füllige Hundedame wickelt mit ihren Strategien so manchen Passanten um die Pfote …

wieder herauskam, konnte man sehen, wie das zarte, gerade geschlossene Band zwischen der Frau und dem Hund gefestigt wurde. Der Mann zeigte wenig Interesse an Keks, aber die Frau beobachtete ihn und das führte zum Erfolg: sich Nahrung zu erschmeicheln.

Die gleiche Strategie wandte auch Big-Macy an – wie der Name schon sagt, war ihr Schnorrplatz hauptsächlich vor McDonald's. Dass sie damit erfolgreich war, verriet ihre Figur …

Das Schicksal von Keks bewegt mich immer noch zutiefst. Dass er einer meiner Lieblingshunde war, muss ich wohl nicht groß ausschmücken. Irgendwann sah ich ihn nicht mehr. Erst Monate später, als ich mit bulgarischen Freunden durch die Stadt lief, sah ich ihn bei Touristen an der Leine, hechelnd vor Stress, wie man in der Gesamtsituation erkennen konnte. Meine Freunde bemerkten das Leid des Hundes und erkannten wohl auch an meinem Gesichts-

Keks, gefangen und gestresst, an der Leine – einst ein fröhlicher und freier Hund.

ausdruck, wie unendlich leid mir Keks tat. Sie fragten mich, ob sie die Leine durchschneiden sollten.
Ich bin heute eher ein friedfertiger Mensch, verneinte, sprach das Pärchen an und fragte, ob ich Fotos von dem schönen Hund machen dürfe. Ich filmte auch eine kurze Sequenz. Wie typische Hundehalter im Westen hatten sie einen Futterbeutel umhängen und Keks sollte Pfötchen geben. Ein trauriges Schicksal – im Nachhinein habe ich ihn nie wiedergesehen. Keks wurde von den Einheimischen der Einkaufspassage sehr vermisst, denn er wurde durch sein gutartiges Wesen sehr gemocht und versorgt. Seine »Rettung« durch die Menschen war vollkommen unnötig.
Entnimmt man einen Hund aus einem Revier, hat das natürlich auch Folgen. Im Fall von Keks zog ein mir unsympathischer, kantiger Rüde in die nun freigewordene Straße ein. Dieser Hund hatte Menschen gebissen und handelte impulsiv, wobei seine Emotionen den Verstand überwogen. Er blieb nicht lange, denn aufgrund zahlreicher Beschwerden wurde er schließlich gefangen und ins Tierheim gebracht.

Oft denken Menschen, etwas Gutes zu tun, wenn sie einen Hund von der Straße holen und damit auch aus seiner Gruppe entfernen. Es sind ja oft Tierschützer und tierliebe Menschen, aber sie sollten vorher beobachten, hinschauen und sich ein Bild machen, wie es dem Hund wirklich geht. Ich behaupte, dass sich die Lage in sehr vielen Fällen weniger dramatisch darstellt als häufig geschildert. Auch die oft in den sozialen Medien erwähnte Situation, dass ein Hund sich hilfesuchend einem Menschen zuwendet, wird gerne fehlinterpretiert: »Der wollte unbedingt mit mir gehen, ist mir gar nicht mehr von der Seite gewichen.« Natürlich hat er dieses Verhalten gezeigt, das ist seine Strategie, um durchs Leben zu kommen.

Dass sich in Bulgarien langsam etwas verändert hat, ist an den kleinen Details zu merken, dass bei Kälte schon mal De-

Der Hund, der die Nachfolge von Keks eingenommen hat, war gerne beim Filmen dabei – das fand er wohl spannend.

cken oder Ähnliches an die Plätze der Straßentiere gelegt werden. Ob die Hunde dies tatsächlich brauchen oder es vielmehr gerne annehmen, ist eine andere Geschichte.

Mein bester Freund Mike, der wie ein Bruder für mich ist, wuchs in Bulgarien auf. Als wir uns kennenlernten, konnte er nicht nachvollziehen, warum ich Hunde filme. Auch verstand er nicht, dass ich als Hundetrainer Geld verdienen konnte. Mike dolmetschte und fungierte als Brücke zwischen der einheimischen Bevölkerung und mir. Ohne ihn hätte ich niemals so tief in die Kultur Bulgariens blicken können.
Wenn wir dort unterwegs waren, wurde er oft gefragt, ob ich verrückt sei, weil ich am Boden lag und die Kamera auf die Hunde richtete. Dann musste er den Menschen dort erklären, dass ich einen Dokumentarfilm über Hunde drehte. Im Vergleich könnte man sich vorstellen, wie es wäre, wenn man in einer Großstadt in Deutschland einen Mann am Boden liegend Tauben filmen sieht.

Bei einer Hundegruppe, die ich »Strandhunde« nannte, konnte ich häufig Spielverhalten in verschiedensten Formen beobachten – hier wird eine Sonnenliege als Requisit genutzt.

Es würde sicherlich einige verwunderte Blicke und möglicherweise auch besorgte Reaktionen hervorrufen.
Menschen aus westlichen Ländern verbinden Straßenhunde oft mit Leid und Not. Dass es aber auch zufriedene und sogar glückliche Hunde auf der Straße gibt, will man oft nicht wahrhaben. Doch Glück ist relativ und subjektiv: Zeigt ein Hund Komfortverhalten, wälzt sich auf dem Rücken und spielt, so erscheint er für mich »glücklich«. Natürlich ist Glück nur eine Momentaufnahme. Viele Menschen denken, dass ein Hund nur im heimischen Wohnzimmer, in einem geregelten Leben und hinter Mauern zufrieden ist. Das mag in vielen Fällen zutreffen, doch mit Sicherheit nicht immer.
Wenn ein Mensch einen Straßenhund retten möchte, sollte er sich zunächst ein umfassendes Bild von der tatsächlichen Lage in den betroffenen Ländern machen. Es ist zudem essenziell, zumindest grundlegende Aspekte der Verhaltensbiologie dieser Hunde zu

verstehen, um eine fundierte Entscheidung darüber zu treffen, ob ein bestimmter Hund wirklich in Not ist. Notlage kann durch Verletzungen oder untragbare Lebensbedingungen entstehen – etwa als Kettenhund oder als Hund in einem überfüllten Tierheim. Denn: Nicht jeder Hund, der im Tierheim landet, ist tatsächlich gerettet.

Nicht überall werden Hunde verfolgt – das ist situativ und regional unterschiedlich. Ein ganzes Land vorschnell zu verurteilen, ist daher wenig klug. Manchmal lohnt es sich, sich den eigenen Spiegel vorzuhalten: Was ist zum Beispiel mit den fünf Millionen Straßenkatzen in Deutschland? Damit kein falsches Bild entsteht: Ich bin nicht grundsätzlich gegen die Rettung von Straßentieren – solange sie tatsächlich gerettet werden. Doch ich lehne es ab, Hunde kopflos aus ihrer natürlichen Umgebung zu reißen, wenn sie dort ein sorgloses Leben geführt haben. Nicht jedes Tier braucht Rettung, nur weil es auf der Straße lebt.

Traurige Verluste

»Manche Menschen leben schlimmer als Hunde oder Ratten.«

Als ich auf der Straße lebte, hatte ich zugegebenermaßen ein Alkoholproblem. Viele von uns. Mein Kaffee morgens war teilweise mit 80-prozentigem Stroh-Rum gemischt. Ein Freund sagte einmal zu mir: »Hinter jeder Sucht steckt eine Sehnsucht.« Das trifft den Nagel auf den Kopf. Dass diese Sehnsucht durch die Sucht noch verstärkt wird, ist der Teufelskreis! Der übermäßige Genuss von Alkohol oder Drogen betäubt zwar zeitweise den innerlichen Schmerz, bringt die Gefühle im Nachklang aber erst recht an die Oberfläche. Angst wird verstärkt, Trauer intensiver empfunden, Einsamkeit und Lebensmüdigkeit fühlen sich unerträglich an, wenn man wieder nüchtern wird oder auf Entzug ist. Die Mittel zur Bekämpfung der eigentlichen Sehnsucht verstärken das Problem am Ende, Gefühle potenzieren sich und bei einem schlechten innerlichen Allgemeinzustand zeigen die Suchtmittel eine paradoxe Wirkung.

Für mich war dieses Leben anfangs auch ein Riesenabenteuer, bis ich bemerkte, dass es für eine Umkehr zu spät war. Zurückzukehren in ein solides Leben schien mir fast unmöglich. Dazu hatte wohl auch der vermeintliche Tröster Alkohol einen nicht zu unterschätzenden Teil beigetragen. So wurde ich quasi mein eigener Anästhesist, um mich selbst zu betäuben und aus diesem Leben auszuhebeln.

Wo viel Leben ist, ist viel Tod … Mein Leben spielte sich ja zwischen Nürnberg, den besetzten Häusern in Berlin, wo ich eigene Zimmer hatte, und Innsbruck in Österreich ab. Meistens jedenfalls auf der Straße, bei Freunden oder in irgendwelchen Unterkünften. So bunt dieses Leben angefangen hat, so grau wurde es zunehmend, als die ersten Bekannten und Freunde starben. Die meisten durch illegale Drogen oder die Droge Alkohol, andere durch Gewaltverbrechen.

Wir haben in einem Sommer mal 31 Bekannte an den Tod verloren. Dieses Sterben stand sogar in der Zeitung, zumindest was die Drogentoten betraf. Generell sind sie aus unterschiedlichen Gründen gestorben: aufgrund von Suizid, Sucht oder Gewalt. Eine sehr gute Freundin von mir aus Jugendzeiten, Sonja, wurde in Berlin umgebracht. Sie hing unbewusst in irgendwas Organisiertem drin, in jedem Fall im kriminellen Milieu, war sicher aufgrund ihrer Sucht hineingeraten. Ihr wurde mit einem stumpfen Gegenstand das Gesicht entzweigehauen. Als sie in einem Zimmer eines verlassenen Hauses gefunden wurde, hat eine Gesichtshälfte, so erzählte man sich, komplett gefehlt. Der pathologische Bericht besagte wohl, dass sie mit dem zertrümmerten Gesicht dort noch etwa drei Tage gelebt haben muss und dann daran verstorben ist. Die Wundränder waren entzündet, bei einem plötzlichen Tod wäre das nicht vorgekommen. Ich möchte gar nicht weiter darauf eingehen.

Das sind so Verluste, die ich hatte. Der Tod gehört zwar zum Leben dazu. Trotzdem empfinde ich persönlich sterben als unnatürlich. Wenn jemand plötzlich weggerissen wird, hinterlässt das eine große Leere, ein Loch, das nicht mehr gefüllt werden kann und schmerzhafte Erinnerungen. Es bleibt eine Ungewissheit über das Danach sowie Mitleid und Angst. Menschen können noch so schmeichelhaft über das Sterben sprechen, für mich gehört der Tod einfach nicht dazu – auch wenn Leben und Tod untrennbar miteinander verbunden sind. Das mag wie ein Widerspruch in sich selbst klingen, aber ich denke, man versteht, was ich meine.

Der Verlust von Rosco schmerzt mich immer noch sehr, obwohl es so viele Jahre her ist, und es fällt mir immer noch schwer, darüber zu schreiben. Das unromantische Ende unserer Ära war, dass die Polizei ihn sichergestellt hat. Eine Frau hatte mich angezeigt, weil sie sich wohl durch mich, einen Betrunkenen mit Hund, belästigt fühlte. Durch diesen Verlust rutschte ich in eine Art Depression und zog mich immer mehr zurück. Ich war nun noch viel mehr von der Welt enttäuscht, als ich es ohnehin schon war. Ich hatte mich so sehr an ihn geklammert – und plötzlich war er fort. Es war einfach schrecklich, aber passte wiederum auch zu meinem Leben. Schließlich war es immer so: Hatte ich etwas ganz Besonderes, so habe ich es stets wieder verloren …

Auf Hunde, die auf der Straße leben, lauern ebenfalls Gefahren. Das Gegenteil habe ich nie behauptet, wird mir aber häufig in den sozialen Medien unterstellt. Klar, sie könnten verfolgt, gequält oder getötet werden. Das passiert, regional und situativ, wenn auch seltener als in den sozialen Medien suggeriert. Es betrifft nie das gesamte Land. Manchmal ist es einfach jugendlicher Leichtsinn der Hunde, hohes Alter oder der Straßenverkehr, der ihr Leben auslöscht.

Findet man einen toten Hund an einer befahrenen Straße, ist das Geschlecht wichtig. Welpen und Junghunde werden oft überfahren, da ihnen die Erfahrung und das Gefahrenbewusstsein fehlt. Seltener sind es Hündinnen und sehr häufig sind es Rüden. Hier trifft das Sprichwort »Liebe macht blind« oft zu. Rüden laufen den Hündinnen nach und achten nicht darauf, wenn sie die Straße überqueren. So sind wir Männer – manchmal machen wir Dinge, die uns nicht lange leben lassen.

In einem kleinen Park in Varna, Bulgarien, machte ich die interessantesten Beobachtungen und hatte die einschneidendsten Erlebnisse in dieser Zeit. Ich verbrachte dort viele Monate zu verschiedenen Jahreszeiten. Zwei Generationen einer Hundefamilie erlaubten mir tiefe Einblicke in ihre harte und doch schöne Welt. Es

Einer der »Welpen im Baum«, der einen von Mutter Maika mitgebrachten Vogel verspeist. © mit freundlicher Genehmigung von Mike Pilz

waren originale Straßenhunde, die seit Generationen auf der Straße geboren werden und aufwachsen.
In diesem Park stand ein an der Baumwurzel ausgehöhlter großer Laubbaum, dort war die Wurfhöhle der Welpen. Es war der dritte Wurf der Hündin und dieses Mal waren es nur zwei Welpen. Mit Selfiestick und Handy »spiegelte« ich die Höhle und konnte so die frisch Geborenen heranwachsen sehen. Es entstanden nicht nur einmalige Aufnahmen, sondern mit der Zeit wuchs das Vertrauen zwischen dem scheuen Muttertier »Maika« und mir.
Für mich war es faszinierend, Hunde zu beobachten, die nachweislich auf der Straße geboren wurden und in einer familiären Struktur überlebten – und diese Dynamik filmisch festzuhalten. Besonders spannend war es, die individuellen Persönlichkeiten der einzelnen Tiere zu erkennen und ihre Verhaltensweisen zu analysieren. Zudem stellte sich die Frage, ob und inwiefern sich ihr Verhalten mit dem von Wölfen vergleichen lässt, welche Parallelen zu Haus- und Familienhunden erkennbar sind und wo sie sich unterscheiden. Ich hielt mich stundenlang fast regungslos im Nahbe-

reich der kleinen Familie auf. Zu ihr gehörte auch der Onkel der Kleinen mit seinen kurzen Beinchen. Die beiden kannte ich, seit sie selbst vier Monate alte Welpen waren. Das Besondere an dem kurzbeinigen Onkel war die Nähe zu seiner Schwester und zu den Welpen. Er durfte nicht nur zu den Kleinen in die Wurfhöhle krabbeln, wenn seine Schwester auf Nahrungssuche war, sondern auch während ihrer Anwesenheit. Diese Tiere hatten eine enge Bindung und pflegten eine intensive Beziehung. Im näheren Umkreis war ab und an der vermutete Deckrüde zu sehen und die ständige Begleiterin der Mutter, eine Freundin, die ich die »Gelbe« nannte.

Leider sind in diesem Park Hunde des Öfteren spurlos verschwunden, obwohl sie weder erkennbar verfolgt, vergiftet oder anderweitig bedroht wurden. Selbst die Autofahrer der umliegenden Straßen nahmen überwiegend Rücksicht auf die Hunde. Auch die Bevölkerung kümmerte sich um die Straßentiere, so zum Beispiel nahezu täglich bestimmte Arbeiterinnen der umliegenden Gewerbe. In ihren Pausen bekamen die Hunde etwas von der Brotzeit oder Knabbereien ab. Sogar frisches Trinkwasser wurde in Schälchen bereitgestellt. Auch hier gab es einheimische Tierfreunde, die sich um die Tiere kümmerten und sogar privat den Tierarzt aufsuchten, falls ein Tier krank wurde.

Maikas allererster Wurf ist während eines sehr starken Regens in der Wurfhöhle ertrunken. In Varna verstopft die Kanalisation aufgrund von Laub, Staub und Müll immer wieder. Oder die Rohre sind nicht für derartige Wassermassen ausgelegt, was auch immer. Wenn dann ein Platzregen einsetzt, ist die Überflutung vorprogrammiert.

Der letzte Wurf wurde ihr einfach gestohlen, als die Welpen sechs Wochen alt waren. Über Nacht waren sie plötzlich nicht mehr da.

Vielleicht waren mir gerade diese beiden Welpen vom dritten und letzten Wurf sehr ans Herz gewachsen. Sie kannten meinen Geruch und den der Kameratechnik von Anfang an. Die Kleinen waren Rüde und Hündin, der Rüde dunkler und das Weibchen heller.

Maika und ihre Welpen

Wie kleine, dicke Bommel sahen sie im Alter von knapp sechs Wochen aus. Man sah ihnen an, dass sie eigentlich viel zu viel Futter bekamen, da sie sich zusätzlich ja noch durch die Milch der Mutter ernährten.
Manchmal beobachtete ich auch ohne Kamera und schmunzelte in mich hinein, wenn die Kleinen mal wieder unbeholfen und tapsig miteinander balgten, während Maika bis zu drei Stunden auf Nahrungssuche war oder irgendwo im Nahbereich von 50 Metern eine Pause von ihren Welpen einlegte. Bei den verschiedenen Menschen, die den Park nutzten, um Rast zu machen oder sich kurz auf eine Parkbank zu setzen, konnte man ein ähnliches Grinsen im Gesicht erkennen, wie ich es wahrscheinlich hatte. Glücklich, wie ich war, veröffentlichte ich auch Fotos der Kleinen in den sozialen Medien, über die ich die Menschen auf meine Reisen mitnehme. Offenbar rief das falsche »Tierschützer« auf den Plan …
Natürlich gab es da auch Leute, denen die Kleinen egal waren. Nur getan hat den Hunden niemand etwas. Im Gegenteil: Beim zwei-

ten Wurf von Maika grenzte jemand den Baum sogar mit einem Flatterband vom bunten Treiben drumherum ab.
Eines Morgens fand ich mich wieder mal bei »meinem« Baum im Park ein und baute die Kamera auf das Stativ. Mikes Schwester und ihr Mann begleiteten mich, ich wollte ihnen die kleine Hundefamilie zeigen. Dass man Geduld brauchte, erwähnte ich, um sie auf die übliche Wartezeit vorzubereiten. Denn oft lagen die Kleinen verborgen in der Baumhöhle und schliefen, während die Mutter außerhalb unterwegs war. Nur an diesem Tag war es anders. Mich beschlich ein komisches Gefühl, als sich die Welpen nach vier Stunden immer noch nicht zeigten. Da ich nicht nur die Hunde filmte, sondern auch die Betreuung durch die Bevölkerung, wusste ich, dass niemand vom Park die Welpen einfach so mitnehmen würde. Jeder liebte diese Hündin und ihre beiden Welpen. Also rief ich eine gute Bekannte an, eine wirkliche Tierschützerin, die sich vor Ort immer wieder im Park um die Hunde kümmerte, und fragte, ob sie wisse, was mit den Kleinen passiert sei. Leider bestätigte sie meinen Verdacht und erzählte mir aufgeregt von einer Deutschen und einer Bulgarin, die sie am Vorabend auf die Hunde angesprochen hatten. Sie sollte helfen, die Hunde einzufangen, da Maika ihr gegenüber sehr zutraulich war, Fremden gegenüber jedoch nicht. Sie lehnte ab und ging nach Hause. Und nun waren die Welpen über Nacht fort.
Das Leid von Maika tat mir in der Seele weh. Sie suchte ihre Welpen verzweifelt und litt an einem Milchstau. Die Geschichte stieß auf reges Interesse in den sozialen Medien. Durch den Druck der durch mich aufmerksam gewordenen Öffentlichkeit meldete sich kurze Zeit später eine Person via Privatnachricht über Facebook bei mir mit den Worten, dass es den Kleinen gut gehen würde – sie sei selbst bei keiner Organisation und tue es aus Tierliebe. Und kurze Zeit später war die scheue Maika ebenfalls nicht mehr im Park zu sehen. Mir wurden Fotos gesendet, welche die Unversehrtheit der Welpen und der Mutter aufzeigen sollten. Ich kenne die Mutter

und konnte mir einen Fang ohne Narkose nicht vorstellen. Dies wurde jedoch abgestritten. Egal, erst einmal war es gut, dass die Welpen zurück bei der Mutter und umgekehrt die Mutter wieder bei den Welpen war. Wenn auch unter enormem Stress …
In dieser Zeit wusste und beschrieb ich bereits, dass Welpen in Tierheimen oder Auffangstationen eine hohe Sterblichkeitsrate aufwiesen, da sich die Kleinen dort mit vielen Keimen infizieren, denen sie in der Freiheit nicht ausgeliefert wären, jedenfalls nicht in so einer geballten Form. Weiter äußerte ich den Verdacht, dass die Welpen von Maika dem westlichen Europa mit Sicherheit als »Waisenkinder« angeboten werden. Leider bestätigte sich diese Vermutung in den folgenden Tagen. Die beiden Welpen rangen angeblich oder vorgeschoben mit dem Tod. Diese litten wohl an Parvovirose und für die Behandlung wurden Spendengelder erbeten. Ein Schelm, der Böses dabei denkt. Auch wenn es stimmen konnte.
Noch einmal zur Erinnerung: Die Hunde wurden nicht verfolgt, waren gesund und könnten zusammen mit der Mutter immer noch in Freiheit leben. Bis auf ein paar Flöhe hätten die Hunde ein sehr eigenständiges und wertvolles Dasein gehabt – die »Welpen vom Baum«.
Den nicht verfolgten, eigenständigen und geduldeten Straßenhunden ihre Freiheit zu nehmen, ist einfach schlimm. Ich konnte über die Jahre traurige Szenen auf Film festhalten, als Hunde ihre vierbeinigen Freunde oder Welpen suchten, weil sie plötzlich spurlos verschwunden waren … Wohlgemerkt: Teilweise auch kastrierte und markierte Hunde, die offiziell geduldet waren.

14. Februar 2023, ein großer Friedhof in einer bulgarischen Großstadt. Ein Ort der Ruhe und der Stille. Hier liegen auch viele junge Menschen beerdigt, die in der Blüte ihres Lebens standen und die wie und warum auch immer herausgerissen wurden. Immer, wenn ich auf Friedhöfen bin, habe ich ein komisches Gefühl, da ich natürlich weiß, dass eines Tages auch ich einer dieser Menschen sein

werde, unter einem Kreuz begraben, zunehmend in Vergessenheit geratend.
Vor ein paar Jahren war ich zufällig das erste Mal auf diesem Friedhof. Was mich hier besonders anspricht, ist, dass nicht nur Moslems und Christen gemeinsam beerdigt sind, sondern auch Tiere: Hunde, Katzen, Igel, Frettchen. Alle Kreaturen liegen so dicht beieinander, nebeneinander, was zu Lebzeiten für manchen unvorstellbar war, ist hier nun möglich. Das berührt mich sehr.
Eine weitere Besonderheit auf diesem Friedhof ist, dass hier Hunde in Gruppen oder als Einzeltiere leben – sozusagen bei den trauernden Menschen. Die Hunde werden versorgt, von den Einheimischen toleriert und begleiten vielleicht den einen oder anderen unbewusst durch die Trauer.
Bulgarien ist eines der ärmsten Länder der EU. Die Menschen haben oft wenig bis gar kein Geld, doch die Tiere haben teilweise sehr schöne Grabstätten mit Namen. Gleichzeitig sind manche Ruhestätten von Menschen nur durch ein einfaches Kreuz mit einem Namen als Grab erkennbar – sonst ist alles verwildert. Es gibt auch Gräber ohne Namen.
Gerade auf einem Friedhof sind ja nicht nur die Gedanken um den Tod, sondern auch ums Leben sehr präsent. Warum leben wir, wieso dürfen wir noch weiterleben und was ist der Sinn des Lebens?
Der Winter in Rumänien oder Bulgarien kann sehr kalt werden. Es ist eine Jahreszeit, die im Trockenen und Warmen für uns Menschen gut überbrückt und aushaltbar gestaltet werden kann. Der Winter wird immer wieder als Argument für die bemitleidenswerten Tiere auf der Straße genannt. Das kann ich verstehen, denn diese Jahreszeit ist bei den wenigsten Menschen beliebt. Die Straßenhunde sträuben zum Teil das Fell und manche lassen sogar ein leichtes Zittern erkennen. Frieren die Tiere etwa doch? Hier muss differenziert werden. Wurde ein Tier ausgesetzt und ist dem Klima des jeweiligen Landes durch die Fellbeschaffenheit, seine Größe oder Rasse nicht gewachsen, dann kann ich mir gut vorstellen,

Kein seltener Anblick auf dem Friedhof: Ein Streuner ruht an oder auf den Gräbern. Dies wird geduldet.

dass der Winter für dieses Tier sehr gefährlich sein kann. So einen Fall konnte ich auf der Straße nie beobachten, ich habe somit noch kein Tier gesehen, dass offensichtlich den Kältetod erleiden musste. Aus Tierheimen in den Balkanländern habe ich jedoch solche Nachrichten schon gehört. Wenn Tiere gestresst sind und Krankheitserreger oder Parasiten leichtes Spiel haben, sterben die Tiere den von mir so bezeichneten »sekundären Kälte- oder Hungertod«. Nährstoffe können dann nur schwer verwertet werden, und das Tier kann somit an Mangelernährung und Unterkühlung verenden. Es kann dann nicht mehr eigenständig den Wärmehaushalt durch Bewegung oder schützende Schlafplatzsuche regulieren. Ein bulgarischer Fernsehsender berichtete einmal über erfrorene Hunde in einem staatlichen Tierheim. Ich habe die toten Tiere gesehen, die dort gezeigt wurden, und sie sahen sehr abgemagert aus. Somit ist für mich eher wahrscheinlich, dass die Kälte nur der letzte Hieb war und die Tiere zuvor durch Krankheit und die veränderten Lebensumständen dem Tode geweiht waren. Letzt-

Drei rumänische Hunde im Schnee blicken wachsam umher.

endlich kann ich es dennoch nicht sicher sagen und nur aus meiner Sichtweise und Erfahrung vermuten.

Im Winter konnte ich beobachten, wie Welpen ihrer Mutter im Schnee nachliefen oder wie etwas ältere Hunde miteinander spielten. Natürlich gibt es auch schwierige Umstände. So sah ich Welpen, die frisch zwischen Paletten geboren wurden, die keinen guten Wetterschutz hatten. Auch bei kranken Tieren erschwert der Winter sicher das Überleben.

Diese Beobachtungen von kranken und verletzten Tieren sind dennoch selten und müssen im Verhältnis zur Gesamtpopulation und zur jeweiligen Region betrachtet werden. Ist die Umgebung stark verschmutzt und das Trinkwasser durch Umweltgifte verunreinigt, wird das Leben der Hunde stark gefährdet. Auch dort, wo zu viele Hunde beieinander leben, können mehr Krankheiten auftreten, was manchmal leider mit dem Tod endet.

Das Leben auf der Straße unterliegt einer stetigen Selektion durch Krankheit, Straßenverkehr und andere harte Bedingungen – der Winter ist dabei höchstens der berühmte Tropfen, der das Fass zum Überlaufen bringt.

Wer meint, im Winter nur auf Leid und Tod zu stoßen, wird sich wundern, wie quicklebendig die Hunde und Katzen der Straße aussehen. Es gibt kaum Unterschiede zum Sommer, wenn es um die Fressgewohnheiten, das Betteln oder Klauen geht. Wenn das Wasser gefroren ist, lecken die Hunde das Eis oder fressen Schnee. Dass Tiere auf der Straße erfrieren, halte ich für eine bewusste Verdrehung der Wahrheit durch Menschen, die auf Spender oder Abnehmer für die Tiere angewiesen sind. Es ist jedes Jahr im Winter erneut zu beobachten, wie Spendenaufrufe gestartet werden. Das erinnert mich an den Radio- oder Fernsehmoderator, der jedes Jahr den plötzlichen und überraschend harten Winter oder Wintereinbruch pusht. Als ob die Menschen daran erinnert werden müssten, dass es nun mal im Januar, Februar oder März Schnee und Kälte geben kann. Wer als Autofahrer um diese Jahreszeit mit Sommerreifen unterwegs ist, hat schlichtweg Pech gehabt, aber leider kann er dadurch unschuldige Menschen in eine große Gefahr bringen.

Dem dichten Fell dieses Herdenschutzhundes kann der kalte Winter nichts anhaben.

Wenn nun ein Tierheim jedes Jahr aufs Neue um Spendengelder bittet, da bauliche Maßnahmen erforderlich seien und dies mit herzzerreißenden Fotos belegt, dann sollte sich jeder Spender fragen, wie und wo sein Spendengeld eingesetzt wird. Es liegen jedes Jahr viele Monate vor dem Winter, in denen die Zwinger mit einfachsten Mitteln präpariert werden könnten, um die Insassen vor Schnee und Kälte zu schützen. Wohin fließen also die Spendengelder und das Geld der Erbschaften, die Tierheimen vermacht werden? Wie transparent sind diese Organisationen bei der Offenlegung ihrer Finanzen und Tätigkeiten? Werden die Spendengelder und Erbschaften effektiv genutzt, um Bildungs- und Informationsarbeit zu leisten oder fließen sie in fragwürdige Projekte, die wenig zur Verbesserung des Tierwohls beitragen? Sind die angegebenen Rettungsaktionen und Unterbringungsmöglichkeiten wirklich vorhanden oder handelt es sich nur um leere Versprechen?
Diese Fragen verdeutlichen, dass es oft schwierig ist, sicherzustellen, dass Spenden und Erbschaften ihren beabsichtigten Zweck erfüllen. Es ist daher ratsam, sich gründlich über die Tierschutzorganisationen zu informieren und auf transparente Berichte und Nachweise ihrer Aktivitäten zu achten.
So sehr mich dieses Thema beschäftigt, wende ich mich dennoch wieder der kalten Jahreszeit zu und schildere, wie die Straßenhunde den Winter meistern. Die Nahrung stellt für sie, wie bereits erwähnt, kein großes Problem dar. Bevor ein Hund verhungert, aktiviert er sein jagdliches Geschick. Straßenhunde jagen Kleinsäuger wie Mäuse und Ratten, aber auch größere Säugetiere, wenn sich die Gelegenheit bietet. Wer nicht jagt, ernährt sich von Aas, das er entlang der Straßen findet. In größter Not greifen Hunde manchmal auch auf Haustiere zurück. Enten und Hühner zum Beispiel. Das habe ich jedoch nur zweimal beobachtet. Für die Hunde kann es böse enden, wenn sie bei einer solchen Aktion erwischt werden. Sie werden verjagt oder hart bestraft, bis hin zur Tötung, je nachdem, wo und unter welchen Umständen sie erwischt werden. Hun-

Puma, ein Saarlooswolfhund. Er liebte die Freiheit und den Schnee, verstarb leider mit acht Jahren an einem Tumor. Puma ist auch der Hund auf dem Cover dieses Buches.

de sind, ähnlich wie Katzen, Jagdraubtiere – das steckt in ihren Genen.

Die Schlaf- oder Ruheplätze sind in den kalten Jahreszeiten unter Büschen, in gegrabenen Liegekuhlen oder gegrabenen Höhlen, unter Balkonvorsprüngen, Treppen und überall dort, wo es situativ wettergeschützt ist. In manchen Städten werden den Hunden die Türen zu großen Hausfluren geöffnet. Manche Menschen bauen den Hunden auf der Straße richtige Hütten aus Karton oder Holzresten zusammen. Wieder andere stellen Matratzen oder Decken zur Verfügung, unter die Styropor oder Kartonagen als Dämmung gelegt werden. Diese Kleinbauten werden von der Bevölkerung größtenteils akzeptiert und in Ruhe gelassen. Ich konnte häufig Einheimische beobachten, die Futter und Trinkschalen zu diesen Liegeplätzen bringen – in Dörfern und Städten.

Ein heißer Sommer kann bedrohlicher sein als der Winter. Während Kälte herausfordernd ist, bietet sie zumindest klare Überlebensstrategien: Schutz suchen, Energie sparen, sich zusammenrollen. Extreme Hitze fordert Körper und Geist anders:

Wasserquellen versiegen, Schatten wird überlebenswichtig und jeder Schritt kann zur Belastung werden. Die unterschätzte Gefahr der Sommerhitze zeigt sich besonders dann, wenn Nahrung knapp wird und die Erschöpfung jede Entscheidung beeinflusst.
Ein Blick in die Türkei zeigt, dass dort mit dem »Problem« der Straßenhunde ähnlich umgegangen wird wie in anderen Ländern auch. 2024 wurde ein Gesetz verabschiedet, das die massenhafte Tötung von Hunden erlaubt, wenn sie krank oder aggressiv sind oder wenn in einer Gemeinde durch streunende Hunde die allgemeine Sicherheit bedroht ist. Dennoch gibt es zahlreiche Berichte, Filme und Fotos von Straßenhunden in der Türkei, die versorgt und geduldet werden. Diese Beobachtungen unterstreichen, dass man niemals ein Land pauschal verurteilen darf – die Realität ist oft vielschichtiger, als es auf den ersten Blick erscheint.
Tötungen von Hunden gab es leider immer schon. Bereits Sultan Abdülaziz (1861–1876) ließ Hunde auf die als »Insel der Nichtsnutze« bekannte Insel bringen, die auch als Sivri, Sivriada oder Hayırsız bezeichnet wird. Im Jahr 1911 wurden in der Türkei streunende Hunde, die zu einer Plage geworden waren, aus einer Stadt auf diese Insel gebracht, um sie ihrem Schicksal zu überlassen – der sichere Tod. Es wurde von mehreren Zehntausend Hunden berichtet. Das schreckliche Heulen der sterbenden Tiere soll bis nach Istanbul zu hören gewesen sein. Dieses Ereignis ist als »Hundemassaker von Hayırsızada« bekannt geworden und kann unter anderem auf Wikipedia nachgelesen werden.
Sogar in Deutschland gab es Tötungen von Hunden. Durch den tragischen Tod eines türkischen Jungen namens Volkan im Jahr 2000, verursacht von zwei Hunden, gaben Menschen ihre Hunde ab und viele unbeteiligte, harmlose und gutmütige Hunde wurden eingeschläfert. Auch wurde ein Tötungslager für Hunde bestimmter Rassen eingerichtet. Internetquellen berichten vom »Hunde-KZ Hamburg-Harburg« aus dem Jahr 2001 mit 280 Hunden in einer Lagerhalle – nur wenige konnten demnach gerettet werden.

Teil III.
Der Weg ins Hier und Jetzt

Sesshaft werden

»Ich habe mich einfach nicht gefühlt.«

In der Zeit, als ich im Wohnwagen in Bechhofen lebte, lernte ich Carmen kennen. Es war 1995, ich war 22 Jahre alt. Carmen hatte eine Freundin, die gegenüber der Wohnung eines Kumpels von mir wohnte. Dort war ich oft und lernte so auch Carmens Freundin Renate kennen. Immer wieder besuchte ich sie morgens für eine Tasse Kaffee, verabschiedete mich anschließend und ging wieder meines Weges. Carmen war ebenfalls oft dort und mein morgendliches Ritual weckte ihr Interesse an mir, da ich wenig Worte wechselte und nur meinen Kaffee trank. Sie erzählte mir, dass es sie nervte, dass ich ihr gegenüber nicht mehr Aufmerksamkeit zeigte.

Carmen hat mit der Zeit den Chaoten, der ich damals war und immer noch bin, lieb gewonnen. Sie konnte mich aber auch ohne Weiteres links liegen lassen. Wahrscheinlich war sie deshalb nach einiger Zeit besonders interessant für mich. Einmal sprach ich Carmen an und fragte, ob sie mit mir auf eine Party gehen würde. Sie antwortete, sie sei sich nicht sicher und würde vielleicht kommen. Unsicher, ob sie meine Einladung angenommen hatte, ging ich mit meinen Kumpels zu der Party. Dort hatte ich ein kurzes Techtelmechtel mit einem 18- oder 19-jährigen Mädchen, als plötzlich Carmen auftauchte. Ich schob das Mädchen schnell von meinem Schoß und sprach Carmen an. Ab diesem Zeitpunkt verliebten wir uns ineinander. Aus dieser Liebe entstand unsere Tochter. Trotzdem wohnten wir nach wie vor getrennt. Eine feste Wohnung hatte ich zu dem Zeitpunkt nicht. Zunächst wohnte ich mal hier, mal da, bis ich eine Unterkunft in einem Obdachlosenheim gestellt bekam.

Carmen lebte mit unserer Tochter in einer sehr modernen Wohnung mit weißen Marmorfliesen in einem Mehrfamilienhaus bei Wörnitz. Trotzdem suchte ich meine Freiheit, das Draußensein. Wenn ich bei ihr schlief, wachte ich manchmal schweißgebadet auf und schlug gegen Wände. Dieses Häusliche hielt ich oft nicht aus und habe damit bis heute massive Probleme. Noch immer bin oder schlafe ich lieber draußen. Egal, wie modern und schön eine Wohnung, ein Haus oder eine Shoppingmeile ist, all das kann in mir ein beklemmendes Gefühl auslösen. Die Gerüche, die Hektik und das enge Gewusel.

Obwohl ich nun Vater war, zog es mich immer wieder in den Bann meiner alten Kumpels. Das Leben der Normalen war mir viel zu steril. Die Mauern waren für mich wie ein Gefängnis und kein Schutz vor den Verletzungen der Vergangenheit. Das war eine völlig verrückte Zeit, ich habe mich einfach nicht gefühlt. Ich war auf der Suche nach Liebe und musste einen Ersatz finden für die Leere aus meiner Kindheit. Für die Gewalt, die ich miterlebt und selbst erfahren hatte.

Carmen und ich waren 22 Jahre lang ein Paar – mit vielen Höhen und Tiefen. Zusammen haben wir uns ein gemeinsames Leben aufgebaut und unsere Kinder großgezogen. 2017 haben wir uns getrennt, aber wir verstehen uns nach wie vor sehr, sehr gut. Unsere Liebe füreinander bleibt tief in unseren Herzen bestehen. Und weiß Gott, das ist nicht leicht für mich. Oft verstehe ich mich selbst nicht – warum diese Trennung? Warum reiße ich etwas, das ich einmal aufgebaut habe, wieder ein? Ich denke jeden Tag darüber nach, aber finde keine Lösung. Ich schleppe etwas mit mir herum, dass ich nicht genau benennen kann. Wahrscheinlich beinhaltet mein Unterbewusstsein einen großen Schmerz, der nur langsam abklingt und der, wenn überhaupt, nur schwer zu heilen ist. Doch das ist nicht das Schlimmste. Was mich mehr belastet, ist, dass ich immer wieder Menschen verletze, die mich lieben, diesen Schmerz unterbewusst weitergebe. Ich habe Angst davor, diese Schutzmauern um mein Verhalten einzureißen und die Ursachen für das alles zu suchen. Ich weiß nicht, ob ich es emotional ertragen könnte, all die alten Verletzungen wieder hochkommen zu lassen. Gegen diese Gedanken und dieses Gefühl bin ich machtlos.

Vaterliebe?

»Ich wusste, da ist jetzt etwas, das Liebe braucht, aber ich wusste nicht wie.«

Alischa ist 1996 geboren. Das war schon was neues Aufregendes für mich. Ich liebte sie vom ersten Augenblick an, aber der Umgang mit ihr war so befremdlich. Ich sagte oft zu Carmen: »Dir helfen wenigstens die Hormone!« Aber ich hatte dieses rosafarbene, kleine Wesen im Arm und wusste nicht, wie ich damit umgehen oder es richtig anfassen sollte. Ich kam mir vor wie ein Sonderling – doch rückblickend betrachtet, geht es wohl vielen jungen Vätern beim ersten Kind so. Ich wusste, dass da jetzt jemand war, der Schutz und Fürsorge brauchte, doch ich wusste nicht, wie ich es ihm geben konnte.

Ich bin mal mit, mal ohne Ansage immer wieder von zu Hause abgehauen. Einmal fuhr Carmen nach Nürnberg mit unserem Baby. Sie suchte die berüchtigten Plätze ab, an denen man mich für gewöhnlich antraf, und tatsächlich fand sie mich. Sie drückte mir die Babyschale mit der kleinen Alischa in die Hand und sagte: »Hier ist deine Tochter. Ich gehe jetzt einkaufen, du passt auf.«

Ich verschwand nicht aus Mangel an Liebe zu meiner Familie und floh auch nicht vor der Verantwortung, sondern wegen meiner ganzen Ängste.

Ich war verzweifelt auf der Suche nach etwas, das mir helfen konnte. So begann ich, immer aktiver Jesus zu folgen und mich mit den Worten der Bibel zu beschäftigen. Bekehrt war ich schon länger und hatte Jesus im Herzen. Trotzdem baute ich noch ab und an Mist, dank Alkohol. Ich war immer noch süchtig, auch wenn ich nicht der Typ war, der vor Entzugserscheinungen gezittert hat. Für meine Psyche habe ich es gebraucht, um die inneren Schmerzen zu betäuben. Ich konnte mit all den neuen Gefühlen und der Nüchternheit nicht umgehen. Es war ein langer Prozess, Schritt für Schritt, um damit einigermaßen klarzukommen.

2001 ist Elija geboren. Er kam spektakulär auf die Welt. Wir waren vorher gemütlich beim Thailänder essen und hatten dann eigentlich einen normalen Termin im Krankenhaus in Fürth zum CTG, also zur Wehen- und Herztonmessung. Aufgrund der Untersuchungsergebnisse wurde Carmen etwas gespritzt, vermutlich Oxytocin, vielleicht um die Herztöne des Babys schneller und stabiler zu machen? Ich bin kein Arzt, aber eventuell konnte so der Geburtsprozess besser nachempfunden werden und es wurde geprüft, ob das Kind mit diesem Stress klarkommen konnte. So oder ähnlich hat man es mir damals erklärt.

Doch auf einmal begannen die Herztöne unseres ungeborenen Kindes unnormal zu werden und alles driftete in einen kritischen Bereich ab, sodass die Ärzte hektisch umherliefen und eine Not-OP in die Wege leiteten. Aus einer Routine-Untersuchung wurde ein Notfall, bei dem es binnen Minuten um Leben und Tod ging. Unser Glück war wohl, dass zufällig der Oberarzt dort war. Er verfügte über viel Erfahrung mit solchen Fällen und leitete kurzerhand selbst die OP. Unterdessen wurde ich in eine Art Besenkammer gesetzt. Es gab keine Zeit für Erklärungen, ich musste einfach nur warten und warten. Und betete.

Ich ging auf und ab, der Kummer und die Angst in der Brust waren beinahe unerträglich. Ich habe geweint und gebangt – bis ich auf einmal ein Baby schreien hörte. Und da wusste ich: Es ist überstanden! Er lebt, er ist auf der Welt und er wird eines Tages zu Jesus gehören. Für nicht gläubige Menschen mag das befremdlich klingen, doch ich glaube fest daran, dass die Bibel das Wort Gottes ist und die Wahrheit enthält. Endlich durfte ich zu meinem Sohn – als Erstes fiel mir die zur Seite gekrümmte Nase auf, die durch die Geburt etwas gelitten hatte. Als ich die Schwestern erschrocken fragte, ob das so bleibt, meinte sie: »Ist das das Einzige, was Ihnen dazu einfällt?« Aber nein, natürlich war es das nicht – aber ich war wirklich sehr geschockt und irgendwie kam mir eben das als Erstes über die Lippen. Ich habe oft ausgesprochen, was ich dachte.

Meine Frau Carmen hingegen war nicht mit im Raum. »Die können Sie jetzt nicht sehen, der geht es nicht so gut«, bekam ich als Erklärung. Sie wurde mit Verdacht auf Lungenembolie auf die Intensivstation gebracht. Elija wurde in die Kinderklinik nebenan verlegt. Das Warten und Bangen hatte also noch kein Ende. Ich rief in meiner Verzweiflung meine Freunde an, alles ebenfalls Christen und sie kamen zur Unterstützung. Wir beteten gemeinsam für Carmens Leben. Dem lebendigen Gott sei Dank! Carmen hat überlebt, Elija hat inzwischen zu Gott gefunden und Alischa ebenfalls. Gott hat durch das Überleben meines Sohnes und die Rettung von Carmen seine Größe und Gnade gezeigt.

Auch wenn es sich vielleicht so lesen mag, als wolle ich jemanden zum Glauben überreden: Das kann ich nicht – das kann nur Gott. Einzig Gott selbst kann einen ansprechen und am Herzen ziehen. Es wäre jedoch falsch, nicht davon zu berichten, denn Gott ist mein Retter und Tröster für meine Seele. Meine Geschichte ohne das Wirken Gottes in meiner Familie zu erzählen, wäre unvollständig. Und ob sich jemand letztlich für oder gegen ihn entscheidet, das liegt in seiner eigenen Verantwortung.

Der Rettungsdienst

»Ich habe gemerkt, der Mensch ist verletzlich.«

Mein neues Leben fiel mir schwer. Ständig stand ich auf der Kippe, wieder zurück auf die Straße zu verschwinden. Damit ich nicht wieder in die falschen Kreise geriet, wollte ich mir ein neues Hobby suchen. Etwas Sinnvolles, das jemandem und mir selbst hilft. So begann ich, ehrenamtlich beim Roten Kreuz im Rettungsdienst zu arbeiten. Das muss etwa 1998 gewesen sein. Ich ging auf in dieser neuen Aufgabe, sie erfüllte mich. Das bemerkten die Kollegen und Vorgesetzten, sodass sie mich irgendwann fragten, ob ich es auch hauptamtlich machen möchte. So unterschrieb ich einen Arbeitsvertrag. Mit Ehrenamt und Hauptamt zusammen war ich etwa zehn Jahre dort beschäftigt. Zeitgleich meldete ich nebenberuflich meine Hundeschule als Gewerbe an.

Diese Zeit beim Rettungsdienst hat viel mit mir gemacht, da ich gemerkt habe, der Mensch ist verletzlich. Und das wurde mir erst da bewusst, obwohl ich davor bei den brutalsten Schlägereien dabei war. Das war schon heftig damals und vieles sind Dinge, die mir im Nachklang wahnsinnig leidtun. Diese Verletzlichkeit des Menschen, den Tod und das Leben auf eine andere Weise zu erfahren, war wichtig für mich, um sensibler zu werden. Ich hatte es zwar bereits in meinem Leben zuvor mit Verletzten und Toten zu tun, das kannte ich. Aber dies war etwas anderes. Manchmal waren es Babys, schreiende, erwachsene, in Not geratene Menschen, Schicksale von Familien, grausame Unfälle. Es war letztlich all dies, was mir half, die Verwundbarkeit der Menschen wahrzunehmen, auch meine eigene. Und später die Verletzlichkeit meiner Kinder. Schlimme

Ereignisse aus dem Rettungsdienst, zum Teil auch durch die Kollegen erzählt, waren zum Beispiel Strangulationsverletzungen auf dem Kinderspielplatz. Ertrunkene Kinder und Unfallszenarien, wo der Rettungshubschrauber zum Einsatz kam. Es gab Stürze vom Wickeltisch, schwerste Schädel-Hirn-Traumata von Säuglingen oder Kleinkindern. Diese Bilder haben mir enormes Kopfzerbrechen bereitet und meine Ängste verstärkt.

Diese Erfahrungen führten dazu, dass ich sehr besorgt um die Sicherheit meiner Kinder wurde. Ich sagte ihnen oft Dinge wie: »Ihr dürft nicht mit einem Kapuzenpulli auf den Spielplatz gehen. Am besten geht ihr gar nicht allein auf den Spielplatz.« Oder: »Nein, ihr dürft nicht schwimmen gehen, ich will das nicht. Auch nicht, wenn andere Erwachsene dabei sind. Nur, wenn ich dabei bin.« Diese übermäßige Angst und Vorsicht machten mich in bestimmten Situationen zu einem überängstlichen Vater. Meine Kinder litten zeitweise darunter, weil ich ihnen manche Freiheiten einschränkte. Ich erkannte, dass meine Ängste sie beeinflussten und ihr Leben komplizierter machten, aber ich konnte in diesen Situationen nicht anders, als sie beschützen zu wollen, egal wie irrational meine Sorgen manchmal erschienen.

Mein Beruf hatte also sowohl positive als auch negative Auswirkungen auf mein Leben und mein Umfeld. Ich habe schon immer in Extremen gelebt und brauche diese auch. Das zeigte sich auch in meiner Arbeit mit gefährlichen Hunden. Wenn ich nicht zumindest ein Stück weit am Limit lebe, falle ich in ein tiefes Loch. Soldaten berichten Ähnliches: Sie arbeiten immer auf High Level. Wenn diese Anspannung und der Adrenalinschub wegfallen und sie wieder zu Hause in geregelte Abläufe zurückkehren, werden sie depressiv oder leicht reizbar.

Wenn ich nicht mehr unter Anspannung stand, wurde ich zunehmend aggressiver. Nie körperlich, aber ich wurde gemein mit Worten und hatte ein sehr dünnes Nervenkostüm. Auch gegenüber meinen Kindern. Sie hörten oft von mir: »Jetzt lasst mich in Ruhe.« Es war nicht ihre Schuld, dass ich gereizt war. Wenn ich dann wieder einen Einsatz hatte, der voller Anspannung und Gefahr war, war ich ausgelasteter und es ging zu Hause wieder besser. Es hängt damit zusammen, dass ich traumatische Erfahrungen gemacht habe – dessen bin ich mir sicher. Doch ich möchte mich nicht darin verlieren. Die körperlichen und psychischen Symptome als Folge der traumatischen Erfahrungen, den Schmerz spüre ich weniger, wenn ich mich extremer körperlicher Arbeit widme oder mich in latent gefährliche Situationen begebe.

Wahrscheinlich habe ich gewisse Züge von meinem leiblichen Vater geerbt, der ja auch Soldat war. Die einzige gesicherte Information, die ich über ihn habe, ist, dass er, als er arbeitslos wurde, zunehmend aggressiv war und Alkohol trank. Dies stand in irgendeinem Papier. Vielleicht liegt es in unseren Genen. Viele Untersuchungen über Verhalten haben gezeigt, dass sowohl genetische Veranlagungen als auch Umwelteinflüsse eine Rolle bei der Entwicklung von Verhaltensweisen und Persönlichkeitsmerkmalen spielen.

Ich verstehe die Ängste und Bedenken mancher Eltern oder Hundehalter, die selbst traumatische Erlebnisse hatten. Solche Erfahrungen prägen und können dazu führen, dass die eigene Unsicherheit unbewusst auf Kinder oder Hunde übertragen wird. Doch genau darin liegt die Herausforderung: Ängste dürfen nicht zur unbewussten Last für andere werden. Statt sich davon leiten zu lassen, kann es hilfreich sein, sich gezielt Rat oder Unterstützung zu holen – sei es durch Gespräche mit Experten, Austausch mit anderen Betroffenen oder eigene Reflexion.

Mein neues Leben

»Jesus, wenn es dich gibt, dann komm zu mir. Komm in mein Herz. Amen.«

»Der Geist ist's, der lebendig macht; das Fleisch ist nichts nütze. Die Worte, die ich zu euch geredet habe, die sind Geist und sind Leben. Aber es sind etliche unter euch, die glauben nicht.« (Johannes 6:63–64, Lutherbibel 1912) Auch wenn viele Menschen in der heutigen Zeit den Glauben an Gott und Jesus als veraltet oder nicht mehr zeitgemäß betrachten, bitte ich dennoch darum, diese Zeilen zu lesen, um mich wirklich kennenzulernen.

Mein Weg zu Jesus: Die folgende Schilderung klingt zugegebenermaßen ein bisschen wunderlich und für einige sicher auch verrückt – da ist es wieder – oder nicht nachvollziehbar. Und denen kann ich es nicht verdenken. Ich habe doch selbst bei den ersten Kontakten mit gläubigen Menschen an Begriffe wie »Sekte« oder »Gehirnwäsche« gedacht. Inzwischen sehe ich es anders und habe zahlreiche solcher Geschichten auch von anderen gehört. Daher kommt es mir nicht mehr sonderbar vor, da ich es kenne. Ich erkenne mich auch in ähnlich lautenden Schilderungen wieder.

Bei mir begann es wohl mit einem klitzekleinen Heftchen im Format sieben mal fünf Zentimeter. Ich bekam es schon vor über 30 Jahren, da habe ich noch auf der Straße gelebt. Freie Christen schenkten mir »Goldene Worte aus der Bibel«. Es war wirklich mini und ich habe kürzlich im Internet geschaut und gesehen, das gibt es immer noch. »Wirf es nicht weg«, sagte einer zu mir und ich stimmte zu. So hab ich es eingesteckt.

Gleichzeitig dachte ich allerdings: »Oh, oh, vorsichtig, bestimmt eine Sekte.«

Wir hatten zumindest so eine Art Ganoven-Ehre auf der Straße, Zugesagtes wird nicht gebrochen. Es handelt sich also um eine Art »Ehrenkodex«, der darauf abzielt, Vertrauen und Zusammenhalt zu wahren, auch wenn manche Aktionen gegen die Gesetze der Gesellschaft verstoßen. Somit hielt ich Wort und bewahrte das Heft auf.

Eine ganze Weile später, Wochen oder gar Monate, hatte ich wieder eine junge Frau kennengelernt und konnte gemeinsam mit ihr mal bei meiner Adoptivmutter übernachten. Eigentlich hatte ich in dieser Nacht Pläne mit der Frau … sie ist aber eingepennt. Ich war noch wach und versuchte, irgendwie in den Schlaf zu kommen. Während ich so im Dunkeln lag und immer wieder die Augen schloss, wurde ich auf einmal von innerlichen Bildern überrascht: Eine dämonische Fratze mit Glatze, spitzen Ohren, spitzen Zähnen, sie lachte. Hämisch, teuflisch. Das galt mir. Es war komplett real in diesem Moment! Ich habe wohl noch nie ein schärferes Bild gesehen, wie Ultra HD! Da habe ich wirklich extremen Schiss gekriegt, es schauderte mich wahnsinnig.

Ich öffnete die Augen, machte hektisch das Licht an und dachte: »Scheiße, was war das jetzt?«

Und plötzlich schossen mir die Worte des freien Christen auf der Straße mit seinem Bibelheftchen in den Kopf: »Es gibt den lebendigen Gott.« Und das hat mir keine Ruhe mehr gelassen. Ist Gott meine Hoffnung und Rettung vor diesem Gesicht? Meine Gedanken verselbstständigten sich und drehten sich um all die Dinge, die ich dazu in der letzten Zeit gesehen, gehört und erlebt hatte. »Der lebendige Gott.« Ich dachte darüber nach, dass er ja auch tot ist, schließlich wurde er ans Kreuz genagelt. Aber trotzdem ist er lebendig. Wie geht das?

Als ich immer noch nicht einschlafen konnte, suchte ich in meiner Lederjacke das Heftchen. Erst fand ich es nicht mehr und geriet leicht in Panik. Ich durchwühlte alle Taschen und wurde schon fast verzweifelt. Schließlich war es so lange dort gewesen, es konnte und durfte nicht ausgerechnet dann weg sein, wenn ich es brauchte. Auf einmal verschwand mein Finger im Innenfutter und dann dämmerte es mir: Es hatten mir die Ratten Löcher ins Futter gefressen. Ich trug immer wieder zahme Ratten oder Ratten von anderen Punks unter meinem T-Shirt oder in meiner Lederjacke mit mir herum.

Und auf einmal erspürte ich es, zwischen dem dicken Leder und dem dünnen Innenfutter. Ganz hinten am Rücken sozusagen. Ich prokelte es umständlich heraus, setzte mich wieder aufs Bett und blätterte es auf. Das Erste, was ich las:

»Als ich den Herrn suchte, hat er mir geantwortet und errettete mich aus aller meiner Furcht.« (Psalm 34:4–11)

Und weiter las ich:

»Jesus spricht: Ich bin der Weg und die Wahrheit und das Leben; niemand kommt zum Vater denn durch mich.« (Johannes 14:6)

Es war, als ob ich die Antwort bekam, nach der ich gesucht hatte. Als wenn es mir jemand erklärt hätte. Auf einmal war in meinem Kopf alles ganz logisch, die quälende und dumpfe Wolke aus lauter Fragen hatte sich gelichtet und ich wusste es plötzlich: Ohne Jesus kommt niemand ins Himmelreich und er ist der einzige Weg dahin. Und ich wusste ebenfalls, durch diese Angst getrieben, die ich eben noch empfunden hatte, durch diese Fratze und diese Verse sowie das neue Wissen, dass es den lebendigen Gott gibt. Das Böse gibt es ebenfalls. Die Hölle ist existent. Das alles ist kein Märchen, keine Sage. Es ist wahr. Ich legte mich aufs Bett, starrte an die Decke und hoffte mit jeder Faser meines Körpers, dass es ihn gibt. Ich wünschte es mir in diesem Moment so sehr und betete: »Jesus, wenn es dich gibt, dann komm zu mir. Komm in mein Herz. Amen.« Das weiß ich noch. Amen dachte ich wirklich.

Und … in diesem Moment geschah es. Er kam in mein Herz und somit in mein Leben. Es stieg eine solche Wärme in mir auf, dass ich fast wieder erschrocken bin. Ich legte dann das Heft zur Seite, das immer noch auf meiner Brust lag, und erinnerte mich, wie mein Adoptivvater an Weihnachten aus der Bibel vorgelesen hat, obwohl er nicht wirklich gläubig war. Das war eher ein katholisches Ritual von ihm. Aber der Satz »Fürchtet euch nicht« stand da immer in der Bibel und auf einmal habe ich diesen Satz in mir gehört: Fürchte dich nicht, fürchtet euch nicht. Und dann habe ich versucht, an etwas Böses zu denken, um das Geschehene zu testen. Und dann waren die bösen Gedanken so wie Wasser, wenn man es in den Sand gießt und es sofort versiegt. Und diese erfüllende Liebe hat alles übermannt.

Das war der Tag, an dem ich – obwohl ich die Bibel und ihren Inhalt noch nicht kannte – wusste: Ich bin gerettet. In dem Heft stand außerdem, dass er die Sünde vergibt – und die Sünde war mir nun vergeben, davon war ich überzeugt. Ich war plötzlich der glücklichste Mensch auf Erden und wollte die Frau neben mir sofort aufwecken. Vielleicht tat ich das sogar oder sie wachte durch meine Unruhe auf, genau weiß ich es nicht mehr. Jedenfalls sagte ich zu ihr: »Jesus lebt!« Sie muss mit Sicherheit gedacht haben: »Jetzt ist er verrückt geworden.«

Am nächsten Tag fuhr ich wieder nach Nürnberg auf die Straße zu den Punks und als der erste zu mir kam: »Eyyyy, Servus!« bekam dieser von mir zu hören: »Jesus lebt!« Komischerweise antwortete er: »Nicht du auch noch!« Weil einfach viele von uns in dieser Zeit zu Jesus gefunden haben. Die Freude darüber beziehungsweise die Überzeugung, endlich die Antwort zu haben, löste in ihnen anscheinend ähnliches Verhalten aus wie in mir. Gestärkt durch meine neue, positive und lebensfrohe Energie konnte ich anderen Menschen auf der Straße helfen. Es waren am Ende sehr viele, die jetzt ein normales Leben führen. Ich ging zwar nicht los, um Leid zu suchen oder Hilfsbedürftige, aber wenn ich jemanden traf, der verloren wirkte und Hilfe zu brauchen schien, so war ich für denjenigen da. Auch wenn ich mal nicht wollte, ich musste von Jesus erzählen.

Einer dieser Menschen war Liz. Ich traf sie, als ich den Sprung von der Straße schon halbwegs geschafft, aber einen kleinen Rückfall hatte. Sie hockte mit weggegrätschten Beinen in der Bahnhofspassage und stürzte eine halbe Flasche Wodka auf ex runter. Hübsch war sie ja, aber ziemlich am Ende. Der Typ an ihrer Seite war ihr gegenüber total vereinnahmend und brutal. Ich habe mich mit ihr unterhalten und über mein Leben und Gott gesprochen. Und da die Straße ihre eigene Sprache hat, wusste sie, ich rede keinen Scheiß. Dass ich die Wahrheit spreche. Deshalb wollte sie mehr wissen. Ich verbrachte mehrere Wochen mit ihr, ohne dass wir eine Beziehung eingegangen sind. Ich habe sie ein wenig beschützt und versucht, ihr Mut zu machen, ihre Fragen zu beantworten und ihr von Jesus erzählt. Sie hat schließlich selbst zu Jesus gefunden und mit der Hilfe Gottes den Absprung geschafft. Sie holte sogar ihr Abitur nach und ist jetzt Lehrerin. Diese Entwicklung finde ich immer noch krass, wenn man sie in ihrem damaligen Zustand noch vor Augen hat …

Die Zeit, in der ich Gott von Herzen nachgefolgt bin, war eine Zeit des vielen Bibel-Lesens, auch in Gemeinschaft als freie Christen. Wir waren keine Sekte! Ich habe es sehr ernst gemeint und nicht nur geredet. Ich wollte nichts mehr anstellen, und was ich in der Vergangenheit teilweise getan hatte, tat mir von Herzen leid.

Wir waren einfach eine freie Glaubensgemeinschaft und ich zahlte nie Geld für meinen Glauben. Im Gegenteil: Ich bekam sogar welches geschenkt. Und zwar in verschiedenen Lebenssituationen und oftmals mehr als unverhofft. Ich habe selten jemanden nach Geld gefragt, obwohl ich zu der Zeit wirklich arm war, so kann man das sagen. Gott sorgte für mich – und ein Beispiel aus meiner Zeit der Obdachlosigkeit macht dies besonders deutlich: Während dieser Zeit unter der Brücke hing immer wieder eine Plastiktüte mit Frühstück an einem der Säulensteine. Ich konnte damals nicht nachvollziehen, wer oder was das dort hinterlassen hatte oder wie es dort hingekommen war. Aber ich war unbeschreiblich dankbar. So arbeitet eben Gott. Er schickte Menschen zu mir, die mich versorgten und ein Auge auf mich hatten. Jahre später erzählte mir eine Frau, dass sie mich manchmal beobachtet und mir heimlich Essen gebracht hatte. Ein von Gott gesandter Mensch.

Ein weiteres Beispiel: Es gab Monate, in denen wusste ich nicht, wie ich die Miete zahlen sollte. Und jetzt wird es wieder spannend. Denn auf einmal fand ich genau zu der Zeit ein unbeschriftetes Kuvert mit genau der Summe im Briefkasten, die mir fehlte. Ich habe bis heute keine Ahnung, woher das letztendlich kam. Lauter solche Sachen geschahen, ich könnte noch mehr dergleichen aufzählen. Die Hilfe Gottes ist zwar ein Wunder für mich gewesen, doch viel größer ist seine Liebe zu mir und uns Menschen.

Laut christlichem Glauben hat Jesus für meine Sünden am Kreuz bezahlt. Das bedeutet, dass, egal was ich mit mir trage, ich durch meine Umkehr zu Gott nun rein bin. Dieses Gefühl nimmt mir eine große Last von den Schultern. Seitdem habe ich versucht, so zu leben, dass ich niemandem mehr Schaden zufüge – im Gegenteil, ich möchte, dass das, was ich anfasse, auch gut wird. Dennoch bleiben die Erfahrungen, in jeder Zelle meines Körpers sind sie gespeichert. In meiner Psyche sowieso. Gott hat durch seine Gnade vieles geheilt, aber der Körper erinnert sich an alles noch genau.

Als es nach so vielen Jahren vergleichsweiser Stabilität in meinem Leben wieder einen Bruch gab, den mit Carmen, da kam alles wieder hoch. Und schon wieder war alles vorbei. Da war sie wieder, diese Traurigkeit. Denn es fehlte wieder jemand, der fest zu meinem Leben gehörte. Der mich in guten und in schlechten Zeiten begleitet hat, wie man so schön sagt. Seitdem bin ich irgendwie wieder bodenlos, ein Stück leerer. Die Geschichte wiederholt sich. Dieselben Themen, dieselben Probleme. Ich bin in keine Schablone zu pressen, das ist manchmal das Schwere daran. Ich bin, wie ich bin – und wenn ich wegwill, dann bin ich weg.

Und trotz der Leere und dem Gefühl, das mich im Grunde seit meiner frühesten Kindheit begleitet, dass ich am Ende des Tages mit mir allein bin, weiß ich nun ganz sicher, dass ich Gott habe. Er zeigt es mir auch immer wieder. Wenn ich mich sehr einsam fühle, dann weiß ich, er ist da. Menschlich gesehen bin ich vielleicht allein, aber was Gott betrifft: niemals. Allein ja, einsam nein …

Heute glaube ich, dass mit meiner Zuwendung zum Glauben auch die Begabung für den Umgang mit Hunden entstanden ist. Da war zum Beispiel ein Hund von einem Kollegen auf der Straße, der mich bis dahin einfach nicht mochte. Er knurrte und bellte mich immer an, sobald ich kam, sogar aus der Ferne. Man merkte ihm an, dass er mich regelrecht hasste. Doch kurz nach meiner Bekehrung, als Jesus in mein Herz kam, sah dieser Hund mich – und rannte schwanzwedelnd auf mich zu. Ab diesem Tag bellte er nicht mehr, knurrte nicht mehr und zeigte keine Abwehrhaltung, vielleicht war ich ein anderer Mensch für ihn. Der Hund spiegelte es so extrem wider, dass es kaum vorstellbar ist. Ab diesem Tag war auch mein Bezug zu Hunden viel stärker, stärker als ohnehin schon. Etwas war anders. Ich erkannte, dass dies eine Art Gabe war – eine Begabung, die mir mit meiner Bekehrung geschenkt wurde. Ich besitze nicht

Gerd mit einem jungen Herdenschutzhund in Rumänien.

© mit freundlicher Genehmigung von Johanna Pramme

die alleinige Gabe, mit Hunden umzugehen, aber in jenem Moment, als Jesus in mein Leben trat, erhielt ich diese Begabung. Davon bin ich überzeugt.

Jahrzehnte später kann ich diesen Zusammenhang immer noch bestätigen: Es gab Hunde, die richtig heftig wurden. Einer wollte mich wirklich verletzen, vielleicht sogar schwer. Und ich gebe darauf Brief und Siegel: Das Verhalten dieser besonderen Hunde ist weitaus schlimmer, wenn ich nicht bete. Habe ich vorher gebetet, dann waren diese heftigen Hunde zwar nicht lammfromm, aber viel zugänglicher. Über die Jahre hinweg haben viele Hundehalter, die zu uns ins Hundezentrum Mittelfranken kamen, gesagt, dass irgendetwas anders bei uns sei. Und ich denke heute, nur das ist unser ganzer Erfolg, Gott hält seine Hand über uns …

Die Arbeit mit den Hunden hat uns am Ende aus den Schulden herausgeholfen – obwohl durch den Bau des Hauses und des Hundezentrums Mittelfranken später wieder neue Schulden entstanden sind. Carmen war auch punkig, aber eher ein gesetzter Punk mit Arbeit, so würde ich es nennen. Trotzdem hatten wir nichts. Erst durch Jesus haben wir alles bekommen, was wir heute haben. Deshalb würde ich niemals sagen, dass ich das selbst erreicht habe. All das ist durch erhörte Gebete und unendliche Gnade entstanden.

Mein späterer Schwager Michael war ebenfalls Punk. Er hat in einer der zahlreichen Schlägereien mal jemandem das Auge mit einem Stock ausgeschlagen. Das war so nicht beabsichtigt, ist im Affekt einfach passiert. Sein Leben war eigentlich ruiniert dadurch, er muss lebenslang richtig viel zahlen. Es gab eine Zeit, da spielte er mit dem Gedanken, sich das Leben zu nehmen. Er glaubte nicht an Gott, nahm Drogen, trank Unmengen an Alkohol und hatte keine Zukunft mehr. Auch ihm fehlte die Perspektive, dass alles noch einmal besser werden kann. So habe ich ihm von Jesus erzählt. Zuerst war er vollkommen abgeneigt und wollte von all dem nichts wissen. Trotzdem habe ich ihm gesagt, Jesus ist der Einzige, der dir helfen kann. Der dir Frieden (wieder)geben kann.

Eines Tages hatte er Streit mit seiner damaligen Freundin – noch war er nicht mein Schwager. Die beiden hatten sich unschön gestritten und sie verschwand daraufhin. Er kam bei uns vorbei und machte sich Sorgen, weil er nicht wusste, wo sie abgeblieben war. Er konnte sie auch nirgends erreichen, damals gab es nur das Festnetz. Ich habe ihm davon erzählt, dass ich schon einmal gebetet habe, dass sich eine bestimmte Person per Telefon melden soll. Und als ich betete und mit dem Amen das Gebet abschloss, klingelte das Telefon und die besagte Person war dran.

So bot ich ihm an, ebenfalls dafür zu beten, dass sich Yvonne melden würde. Er fand das lächerlich, ließ sich in seiner Verzweiflung aber doch darauf ein. Sobald wir gebetet und Amen gesagt hatten, klingelte das Festnetztelefon bei uns zu Hause. Yvonne, seine Freundin, war dran und fragte, ob Michael zufällig bei uns sei und sie ihn sprechen könne. Das wieder einmal Verrückte dabei war, dass sie keinesfalls wissen konnte, dass er bei uns war. Er war noch nicht mit mir verwandt und sehr selten bei uns, eigentlich nie. Und ausgerechnet da passierte so etwas. Das gab schließlich auch ihm zu denken und war wie eine Art Beweis, dass an den Geschichten, die ich erzählte, wohl doch viel Wahres dran war.

Besonders schlimm traf uns das Schicksal, als Carmen schwer krank wurde. Höchstens zwei Jahre blieben ihr noch, teilte uns damals der Arzt mit. Wir haben viel zusammen gebetet. Gott um Hilfe gebeten. Und sie wurde heil. Sie lebt immer noch. Das kann man nicht anders erklären als über Jesus.

Jesus hat mein ganzes Leben verändert. Er gehört in dieses Buch. Der Glaube an den lebendigen Gott, Jesus, hat ein anderes Fundament. Es geht nicht um Wunder und erhörte Gebete, sondern darum, jedem Menschen eine Perspektive und große Chance im Leben zu schenken. Es bleibt jedem selbst überlassen, an wen oder was er glauben möchte – ebenso, ob er meine Worte als irrelevant abtut oder sich eigene Gedanken darüber macht. Doch eines ist für mich klar: Die wunderbare Schöpfung spricht für sich. In ihr ist die Existenz eines lebendigen Gottes mehr als deutlich vor Augen. Ich habe lange darüber nachgedacht, ob ich diese Zeilen wirklich in mein Buch aufnehmen soll. Doch wenn ich sie wegließe, wäre es nur ein halbes Werk. Und da dieser Abschnitt ein zentraler Bestandteil meiner Geschichte ist, wäre es eine Schande, ihn auszuklammern.

Ein Traum wird wahr

»Wir nehmen keine neuen gefährlichen Hunde mehr auf.«

Nicht umsonst schließt das Kapitel über unser Lebenswerk an das Kapitel über Gott an. Denn auch hier weiß ich, dass er an so vielen Stellen die Entwicklungen geleitet hat. Dafür gibt es Hunderte von Beispielen. Wir wurden Zeugen so vieler Wunder – ein anderes Wort dafür, das noch treffender wäre, fällt mir tatsächlich nicht ein.

Es begann schon, als ich 1998 meine gewerbliche Hundeschule angemeldet hatte. Es war meines Wissens die erste gewerbliche Anmeldung als »mobile Hundeschule«. Heute ist dieser Begriff überall zu finden, es nennen sich viele so. Meine mobile Hundeschule lief also und nach einiger Zeit hatten wir einen Hundeplatz, auf dem wir Trainings durchführen konnten: die Hundeschule Hesselberg. Wir überlegten immer mal, womit wir noch Geld dazuverdienen konnten, also kam 2003 eine Hundepension hinzu. Das war eine Hauspension, in der wir bis zu zehn Hunde gleichzeitig betreuen durften. Damals gab es noch keinen Paragrafen 11 (das ist die Erlaubnispflicht für Hundetrainer nach § 11 Abs. 1 Nr. 8f. Tierschutzgesetz – diese besteht seit dem 1. August 2014), wir mussten es lediglich anmelden und konnten starten. Nebenbei hatte ich meine Tätigkeit im Rettungsdienst.

Doch ich hatte noch einen großen Traum. Dieser war in den letzten Jahren gewachsen und wartete nur darauf, in die Tat umgesetzt zu werden. Also entschlossen wir uns, zu bauen. Unsere Vorstellungen gingen dabei ziemlich auseinander: Carmen wollte lieber klein und fein bleiben, auch mit unserem Hunde-Business, ich aber wollte es groß haben. Am liebsten gigantisch! Mein Plan war es, den Leuten einen riesigen Supermarkt vor die Nase zu stellen, keinen winzigen Tante-Emma-Laden. Dazu brauchte es eine neue Domain. Es sollte die Web-Domain Hundezentrum.de sein, doch diese war bereits vergeben. Allerdings waren noch keine Inhalte hinterlegt, es war lediglich eine »Baustelle«. Vor so vielen Jahren konnte man noch recht einfach recherchieren, wer bestimmte Internetadressen besaß. Als ich es herausgefunden hatte, rief ich den im Internet angezeigten Mann kurzerhand an und fragte, ob ich die Domain kaufen könne. Seine Antwort darauf war: »Sie können sie haben. Ich gebe sie Ihnen – wenn Sie für mich beten.« Er wusste absolut nichts von mir, es gab also keinen offensichtlichen Zusammenhang. Er sagte es einfach so und wieder einmal fügte sich alles. Wir unterhielten uns noch eine Weile und er erzählte, seine Frau habe ihn kürzlich verlassen, sein Haus sei abgebrannt und der Betrieb nun pleite. Letztlich zahlte ich um die 300 Euro für die Domain – fast geschenkt.

Wir hatten keine Ersparnisse, führten zahlreiche Bankgespräche. Und bekamen ernsthaft einen Kredit in einer Höhe, die an die Million reichte. Das war im Grunde wieder ein Wunder. Eine Summe, die uns damals absolut utopisch erschien. Doch es sollte wohl so sein, denn auch dafür habe ich, haben wir gebetet. Meine Gebete an Jesus waren: Nur, wenn es dein Wille ist, soll uns der Kredit gewährt werden. Den Businessplan hatte ich selbst geschrieben, die dafür erforderlichen Berechnungen erstellt – und ich bin wahrlich kein Mathegenie. Laut Plan waren die Säulen des Hundezentrums Mittelfranken: Hundepension, Hundeschule, Seminare, Workshops. Und trotz Risiko für die Bank saß dann da ein Banker, der den Kredit bewilligte. Wir waren wohl überzeugend und er merkte, dass wir für die Sache brannten. Er sagte einfach: »Ja, das machen wir.« Und wir hatten die Zusage im Sack – und konnten es erst gar nicht glauben.

Mit Simon, einem Kaukasischen Owtscharka, im Hundezentrum, der nach einer Sicherstellung durch eine Behörde zu uns kam.

In den Jahren 2010 und 2011 haben wir das Hundezentrum gebaut. Hier wollte ich Menschen mit Hunden helfen. Meine Begabung dazu nutzen, etwas Gutes zu tun und vermeintlich hoffnungslose Fälle zu lösen. Unser Ansatz sprach sich herum und bald auch weit über regionale Grenzen hinaus. Man muss erwähnen, dass es zu dieser Zeit keine offiziellen Ausbildungen zum Beruf Hundetrainer gab. Erst Jahre nach meiner ersten gewerblichen Anmeldung als Hundetrainer erfuhr ich durch eine Kundin, dass sie im Fernsehen von einer Ausbildungsstätte gehört hatte. Diese Nachricht brachte mich dazu, mich intensiver mit der Wissenschaft hinter dem Verhalten der Hunde auseinanderzusetzen – und so erlernte ich die Kynologie und wurde schließlich durch die Tierärztekammer Schleswig-Holstein als Hundetrainer zertifiziert. Kynologie ist kein direkter Teilbereich der Biologie, sondern eher eine interdisziplinäre Wissenschaft, die Aspekte der Biologie, Tiermedizin, Verhaltensforschung und Zuchtkunde vereint. Die ersten Behörden traten an uns heran und wir begannen, Hunde aus Sicherstellungen aufzunehmen.

Eine Weile ging das gut, aber als den Stellen klar wurde, was die Beherbergung und das Training solcher Hunde an Kosten verschlingt, wollten sie das nicht mehr zahlen. Die Hunde sollten eingeschläfert werden. Aber das konnten wir absolut nicht mit unserem Gewissen und auch Wissen vereinbaren. Wir kannten die Tiere inzwischen und wussten genau um deren Trigger und wann sie gefährlich wurden. Wann sie zum Beispiel Kinder beißen würden. Unsere Denke war: Wenn kein Kind in der Nähe beziehungsweise der Hund stets gut gesichert ist, dann kann er ja auch nicht mehr beißen. Warum also einschläfern?

Wir dachten zunächst darüber nach, die Hunde kostenfrei ganz vom Amt zu übernehmen. Doch bei aller Liebe wäre dies nur eine kurzfristige Hilfe gewesen, denn bald hätten wir unseren Kostenapparat so nicht mehr tragen können. Also vereinbarten wir pro Hund eine Einmal-Summe dafür, dass er fortan uns gehörte, anstatt ihn einzuschläfern. Die Kosten für Strom, Heizung, Abtrag des Kredits, Mitarbeiter, Futterkosten und alle denkbaren Posten, die in so einem großen Betrieb anfallen, werden unterschätzt. Die Behörden gingen nur minimal auf unsere Forderungen ein. Letztendlich blieben wir durch unsere Gutmütigkeit auf den Kosten sitzen.

Und dann waren unsere Unterbringungsmöglichkeiten auf einmal voll mit gefährlichen, teils unvermittelbaren Hunden. Wir konnten nicht mal mehr Pensionshunde aufnehmen, da die schweren Kaliber ihren Raum brauchten. Unmöglich, rechts und links daneben den braven Pudelmix oder Familienhund in Obhut zu nehmen. Die wären ja durchs Gitter gezogen worden. Plötzlich hatten wir keine Einnahmen mehr, nur noch Ausgaben. Diese Entwicklung zog sich über mehrere Jahre hin und war weder von uns geplant noch in diesem Ausmaß vorhersehbar. Es geschah einfach. Wir nahmen Hunde auf, um sie vor dem sicheren Tod zu bewahren, und riskierten dabei jeder für sich mehr als einmal unsere Gesundheit oder sogar unser Leben. Die Arbeit als Tierpfleger wird durch Tierfreunde oder Außenstehende häufig unterschätzt. Tatsächlich ist der Beruf des Tierpflegers sehr risikobehaftet. Heftige Bisse, Kratzer oder der Kontakt mit Sekreten gefährden die Gesundheit nicht nur situativ, sondern können mit irreversiblen Schäden einhergehen. Warum also Einrichtungen, die mit gefährlichen Hunden arbeiten und dabei die eigene Gesundheit oder gar das Leben aufs Spiel setzen, unentgeltlich arbeiten sollen, ist mir unbegreiflich. Vielen Menschen dürfte nicht bewusst sein, welches Gefahrenpotenzial ein aggressiver Hund hat. Erst einzelne Fälle von totgebissenen Kindern oder Joggern, die sich selten ereignen und dann medienwirksam ausgeschlachtet werden, erinnern daran, was passieren kann, wenn vernünftige Sicherung oder Sicherheitsdenken fehlen. Und wohin ein Hund, der zu lange nicht beachtet und nicht seinen Bedürfnissen gerecht erzogen wurde, sich entwickeln kann.

Es gibt auch Berichte von schwer verletzten Tierpflegern. Man denkt an Zähne in der Hand, blutende Löcher im Finger. Aber keiner mag hören, dass bei einer ernsthaften Attacke durch einen Hund ganze Körperpartien herausgerissen werden können, Gliedmaßen oder andere Körperteile wie Ohren oder Nase abgebissen werden oder sogar der Tod droht. Hunde können andere Tiere, Hunde und Menschen töten. In einem nicht weniger dramatischen Fall kann nach einem Biss oder Kratzer eine Infektion drohen.

Mit solchen gefährlichen Kandidaten hatten wir es auf einmal zu tun. Mit »Schwerverbrechern«, die alle ordentlich was auf dem Kerbholz hatten. Einige würden ihr Leben lang nie wieder normalen Umgang mit Menschen haben können. Immer mit Sicherheitszone und unter größten Vorsichtsmaßnahmen. Leben als Familienhund? Für manche ist dieser Zug leider endgültig abgefahren.

2022 mussten wir einen schweren Entschluss treffen: Wir nehmen keine neuen gefährlichen Hunde mehr auf. Und das machen wir seitdem auch nicht mehr. Obwohl wir ständig Anfragen bekommen, auch von Ämtern. Sie würden auch zahlen. Aber es geht einfach nicht mehr. Außerdem kennen wir das Spiel schon: Gezahlt wird ein paar Monate lang, dann bleiben wir auf den Kosten sitzen. Als Begründung heißt es dann: »Warum sollen wir so viel Geld für einen Hund zahlen, der beißt? Die Euthanasie ist günstiger.«

Diese kostspieligen Jahre hängen uns immer noch nach. Mal kämpfen wir mehr, mal geht es kurzzeitig besser. Auch die ganzen Online-Angebote im Bereich Hundeerziehung und -training, die neu auf den Markt kommen, erschweren unser Geschäft. Ich habe nichts gegen Weiterbildungsangebote wie

Seminare, Workshops oder themenbezogene Vorträge im Internet. Aber ganze Online-Hundeschulen – da fehlt mir doch was. Unser Hundezentrum ist ein Ort zum Erleben und Anfassen – und, auch wenn es vielleicht etwas komisch klingen mag, zum Riechen. Es ist ein Raum, in dem Hunde und Menschen gleichermaßen willkommen sind und wo das gegenseitige Vertrauen im Mittelpunkt steht.

Es wirft bei mir einige Fragen auf, wie man als Hundetrainer seine Ausbildung überwiegend online absolvieren kann. Man arbeitet ja dann später am lebendigen Hund und vor allem am Menschen. Dieses sensible Handwerk verlangt eine enorme Präzision, da eine falsche Mimik, Gestik oder ein unbedachtes Wort viel Schaden anrichten können. Ein gutes Hundetraining basiert auf einer starken Vertrauensbasis zwischen Trainer, Hund und Besitzer. Multimediale Trainingsmethoden und die Vorstellung einer »ausschließlich positiven Erziehung« sind kritisch zu betrachten. Ein Hund, der Vertrauen zu seinem Besitzer hat, akzeptiert auch Strafen, solange sie weder verletzen noch die Bindung beeinträchtigen. Tatsächlich lernt ein Hund durch Strafe oft schneller, wenn sie verantwortungsvoll eingesetzt wird. Gemeint ist hier die Strafe im lerntheoretischen Sinne, keine Prügelstrafe oder Ähnliches! Vollständige Erläuterungen sind in einschlägiger Hunde-Fachliteratur nachzulesen.

Das Hundezentrum spiegelt den tatsächlichen Aufwand rund um den Hund sehr gut wider. Es macht deutlich, welche Grundlagen erforderlich sind, um sich verantwortungsvoll einen Hund anzuschaffen. Dazu gehört auch die Fähigkeit, Entscheidungen zu treffen, ohne sich zu sehr von Emotionen leiten zu lassen, um das Wohl des Hundes als Lebewesen zu gewährleisten.

Die Social-Media-Welt ist so weit entfernt von unserem Hundezentrum wie der Mond von der Erde. Den Menschen werden dort entweder nur die perfekten Szenen gezeigt oder, im krassen Gegensatz dazu, explodierende aggressive Hunde und Menschen, die sich selbst als Helden darstellen. Ich selbst habe das so satt und freue mich, die Realität dazwischen zu sehen. Ich habe noch nie einen Hund erlebt, der gleichbleibend aggressiv ist. Es sind immer nur Situationen und Momente, die polarisieren, während viel wertvollere Verhaltensweisen kaum beachtet werden.

Im Hundezentrum gibt es viel Arbeit zu tun, die nicht wirklich gesehen wird. Sei es das banale, aber im Sommer äußerst anstrengende, zweiwöchentliche Rasenmähen auf einem Gelände von über einem Hektar oder alltägliche Dinge wie das Füttern und die Pflege der Tiere. Hinzu kommen die versteckten Kosten, wie Energie im Winter oder für den Tierarzt bei der Versorgung eines kranken Lebewesens. Wie gelangt der Verband an einen gefährlichen Hund und wer zieht ihm einen Maulkorb auf? Diese Fragen und Situationen werden in der oft blumig dargestellten Abenteuerwelt des Hundetrainer- oder Tierpfleger-Daseins selten gezeigt.

Ja, die Realität ist mitunter gefährlich, doch sie beinhaltet auch immer wieder wunderbare und schöne Momente. Für mich steht die kalte Jahreszeit, der Winter, für den Tod. Und die Knospen und aufgehenden Blüten des Frühlings für Geburt und kraftvolle Hoffnung. Ein bisschen poetisch darf ich auch mal werden. Letztendlich ist das Hundezentrum für mich auf der einen Seite anstrengende Arbeit und auf der anderen ein Ruheort, ein Treffpunkt, ein Stück Gefangenschaft und – irrwitzigerweise – tatsächlich auch ein Stück Freiheit. Man muss einfach hierherkommen, um es zu erleben. Bei uns sei »alles anders«, so empfinden es Besucher oft. Beruhigend und familiär, aber auch sehr professionell im Umgang mit Menschen und Hunden.

Napoleon und Enzo

»Im Umgang mit aggressiven Hunden ist es wichtig, dass man die Persönlichkeit des Tieres wieder wertschätzt.«

Der Hund Napoleon (ehemals »Pico«), den ich schon zu Beginn dieses Buches erwähnt habe, wurde aus einer Tötungsstation in Ungarn gerettet und nach Deutschland gebracht. Hier landete er in einem Tierheim, wo er einige Monate verbrachte. Er ist kein einfacher Hund und mied den Kontakt zum Menschen bzw. zeigte zunehmend Aggressionen gegen seine Pfleger. Zum Schluss ließ er sich nicht einmal mehr anfassen. Er isolierte sich zunehmend von seiner Umwelt und lebte allein. Es kam zu Verhaltensstörungen. Er zeigte Zwangshandlungen in Form von »Kreiseln« und Aggressionen gegen sich selbst. Bei Berührung durch Menschen konnte es auch zu Aggressionen kommen, die auf diese umschlugen. Ein Hund mit keiner guten Diagnose, seine Euthanasie wurde vorgemerkt.

Der Transport aus dem Tierheim zu uns war nur unter Sedierung möglich, damit er sich und andere nicht verletzte. Er kam dann langsam hier an und verbrachte die erste Zeit allein im Zwinger. Nach und nach vergesellschafteten wir ihn mit zwei »dicken Mädels«, zwei Boerboel-Damen, Rassehunde aus Südafrika, die durchaus sehr wehrhaft sein können, und später auch mit weiteren Damen, erstmals auch im Freilauf.

Sein Fell war aber immer noch verfilzt und mit Dreck verklebt, da er ja niemanden mehr an sich heranließ. Also brauchte er einen Maulkorb. Nur wie? Von Anfang an signalisierte er mir, dass er sich wehren würde. In einer waghalsigen Aktion schaffte ich es dennoch, einfach so. Ich »übermannte« ihn und das Ding war drauf.

Kleiner Hund mit großen Charakter – Napoleon bei uns im Hundezentrum

Er musste kastriert werden, da er sich durch eine Autoaggression die Hoden wund biss. Die Aktion mit dem Maulkorb hatte dazu geführt, dass er mich fortan anders sah. Er ließ erste Annäherungen zu, ich begann, ihn anzufassen. Erst nur mit dem Finger an der Nasenspitze, später konnte ich ihn sogar ganz streicheln. Ich legte mich zu ihm und er genoss den Kontakt, forderte sogar Streicheleinheiten ein.

Sein Fall erregte die Aufmerksamkeit vieler Menschen, er hatte 16.000 Fans im Internet. Napoleon konnte nie vermittelt werden, wurde aber im Hundezentrum Mittelfranken sehr alt. In den letzten Jahren seines Lebens lief er in gemischten Gruppen und ihm war es egal, welches Geschlecht oder welche Größe die anderen Hunde hatten. Er war mit allen Hunden verträglich. Wir haben ihm ein Stück heilende Freiheit und Selbstbestimmung zurückgegeben.

Napoleon konnte die letzte Zeit seines Lebens ohne Maulkorb bei uns verbringen. *© Alexander Beer Photographie*

Die Geschichte um Enzo, ein mittelgroßer kräftiger Mischling, der einem Appenzeller Sennenhund ähnlich sieht und sich wie ein Malinois verhält, beginnt irgendwo in Griechenland. Laut Information des Tierheimes wurde der Hund von dort durch ein Pärchen, Privatpersonen, nach Österreich transportiert. Hier kam es erst zu der Trennung des Paares, nach einiger Zeit zu Beißvorfällen durch den Hund. Enzo verletzte Menschen, die es eigentlich gut mit ihm meinten – seine Menschen. Er wurde in ein Tierheim gebracht, wo er eineinhalb Jahre lebte. Viele Mitarbeiter des Tierheims bemühten sich um Beschäftigung, Spaziergänge und die Pflege. Die Betreuer, die über Wochen und Monate viel Zeit mit ihm verbrachten, ihm beibrachten, das Brustgeschirr anzuziehen und lange Spaziergänge mit ihm machten, bekamen seinen Charakter zu spüren. Es gab eine Tierpflegerin, die zu seiner Hauptbezugsperson wurde und bei der er viel Kontakt zugelassen hat. Doch sein Verhalten wurde zunehmend auffälliger und gefährlicher für Menschen. Gerade sein näheres Umfeld wurde durch den Hund massiv angegangen.

Eines Tages wollte seine Bezugspflegerin ihm wie immer nach dem Spaziergang das Brustgeschirr ausziehen. Enzo wurde kurz steif, sprang sie an und fletschte und knurrte ihr in den Hals. Sie blieb zum Glück sehr ruhig und konnte den Zwinger verlassen. In einem Youtube-Video berichtet die Pflegerin: »Seit diesem Tag ging es immer mehr bergab. Er duldete niemanden mehr in seiner Nähe und versuchte stets über den Zaun zu gehen, wenn einer der Tierpfleger an ihm vorbeiging. Er ließ keinen mehr an sich ran, war dauerhaft im Stress und tat uns einfach wahnsinnig leid. Am Tag der Abreise nach Mittelfranken mussten wir ihn mit Blasrohr narkotisieren, um ihm einen Maulkorb anzulegen und ihn ins Auto zu bringen. Ich muss ehrlich sagen, ich hatte Angst, als wir mit Enzo ankamen. Ich wusste ja, wie er auf mich reagiert und dass er es mir gegenüber sehr, sehr ernst meinte. Am Tag zwei kam es dann zur ersten Attacke auf mich – natürlich mit Maulkorb. Wenn man das erste Mal spürt, mit was für einer Wucht er angreift, wird einem anders. Er biss mehrmals Richtung Brust, Hals und Oberarme. Gerd musste mir helfen, um ihn runterzuholen. Ohne Maulkorb hätte er mich damals sehr, sehr schwer verletzt.

Ich weiß nicht, ob man sich das so vorstellen kann. Ich war vor Jahren leider live bei einer Attacke dabei, also als ein Hund auf einen Menschen losgegangen ist. Das Mädel wurde dabei schwerstens verletzt und leidet auch immer noch unter Folgeschäden. Der Hund hatte ungefähr die Statur vom Enzo, also ziemlich das gleiche Körpergewicht und die gleiche Größe. Und wenn man dann selbst mal am eigenen Leib spürt, was das bedeutet und was für eine Kraft und Ernsthaftigkeit dahinter sind und was alles passieren könnte, wenn er jetzt nicht mit Maulkorb gesichert wäre, da wird einem schon anders.«

Ganz plötzlich wechselte Enzo den Umgang mit seiner Bezugsperson und entschied, diese nicht mehr in seinem Nahbereich zuzulassen. Auffällig an Enzo ist, dass er Nähe sucht und sich unerwartet und plötzlich versteift. Es folgen heftige Sprung-Attacken zum Brustkorb, Rücken und teilweise auf Kopfhöhe der Menschen. Warum und weshalb bleibt unklar. Spekulationen wären fehlplatziert, denn niemand weiß, was in dem Hund vorgeht. Zurück bleiben eine traurige Bezugsperson und ein unbändig wütender Hund.

Das Tierheim kontaktierte das Hundezentrum Mittelfranken mit der Bitte um eine Einschätzung des Hundes. Da der Hund niemanden mehr an sich ranließ, wurde das Tier mit Blasrohr narkotisiert und ein »Notmaulkorb« angebracht. Der Transport verlief ohne Zwischenfälle und nach sechs Stunden Fahrt erreichte das Team vom Tierheim unser Hundezentrum. Direkt nach der Ankunft und beim Erstkontakt mit uns konnte man seinen Widerwillen gut erkennen. Ebenso das Hin- und Hergerissene im Ausdruck. Bitte nie vergessen – der Hund ist gefährlich und die Suche nach Nähe kann innerhalb weniger Augenblicke in heftige Attacken gegenüber Menschen kippen.

Der Notmaulkorb saß zu hoch und der Hund brauchte einen besseren. Auf längere Sicht hätte er Abriebverletzungen oder entzündlich nässende Wunden mangels Durchlüftung oder Druckschäden bekommen. Zudem war Enzo das Tragen eines Maulkorbs nicht gewohnt. Dazu sei gesagt, dass jeder noch so gutsitzende Maulkorb auf lange Sicht seine Spuren hinterlässt und keine Für-immer-Lösung ist. Wichtig ist jedenfalls, dass der Hund fressen und trinken, hecheln und bellen kann.

Jeder, der sich schon einmal mit dem Thema Maulkorb beschäftigen musste, weiß, wie schwer es ist, einen passgenauen zu finden. Wir hatten im Hundezentrum Mittelfranken rund 100 Maulkörbe zu dem Zeitpunkt und davon kam erst mal nur einer infrage. Und dieser wurde durch den Hund binnen weniger Stunden kaputt gemacht. Und wie sind die neuen Körbe auf den Hund gekommen? In diesem Falle mittels Blasrohrnarkose. Anders ging es nicht. Enzo ließ sich nicht einfach so behandeln oder spritzen, geschweige denn sedieren – daran hat sich auch nach Jahren des Zusammenlebens nichts geändert.

Maulkorbtraining sah bei Enzo wie folgt aus: Als er einen passgenauen Maulkorb aufhatte, der aber nicht zum Dauertragen geeignet war, wurde ein größerer Korb immer wieder drüber gestülpt. Ohne Leckereien, einfach als Übung. Ohne Leckereien deshalb, weil es bei ihm nicht der richtige Weg war. Er hat den Braten sowieso gerochen und hatte es ohne Zweifel satt, in Fallen zu tappen. Er brauchte eine ehrliche, offene Arbeit. »Ich will dir einen Maulkorb aufsetzen und ich werde das tun.« Nur so funktionierte das mit ihm. Und die kleinen Erfolge, die Teilschritte, die gaben uns recht. Dennoch blieb Enzo ein gefährlicher und teils unberechenbarer Hund. Doch er öffnete sich täglich mehr, begann mich zu akzeptieren und sich viel sagen zu lassen und eine Menge mit sich machen zu lassen. Dennoch bestand immer die Gefahr, dass er mich ebenfalls angriff. Er ist einmal im Umgang mit unserer Tierpflegerin ausgeflippt, da sein Stirnriemen vom Maulkorb beim Versuch, die Leine anzulegen, verrutschte. Als ich ihr helfen wollte, ist er auch auf mich los. Also trotz allem, trotz der gewachsenen Beziehung. Aber er war bei Weitem nicht mehr so heftig wie am ersten Tag. Da hatte er locker noch täglich sechs bis zehn Atta-

Enzo, ein Hund mit gefährlichem Potenzial. Das sieht man ihm auf den ersten Blick nicht an.

cken gestartet. Manchmal ging er sogar weg, statt anzugreifen. Eine wahnsinnige Entwicklung für ihn.

Über die sozialen Medien und viele Videos haben wir unsere Follower auf seiner Entwicklungsreise mitgenommen. Wir wollten offen zeigen, was alles an der Arbeit mit so einem Tier hängt. Es gab Interviews mit Betroffenen, wir zeigten Fortschritte, aber auch Rückschläge und zunehmend weniger Attacken. Die Geschichte von Enzo zeigt eindrücklich, dass die Arbeit mit gefährlichen Hunden kein Zuckerschlecken ist. Sie kostet Zeit, Geld und gefährdet die eigene Gesundheit. Zum ersten Mal wollten wir Transparenz zeigen und alle Vor- und Nachteile unserer Arbeit mitteilen. Im Fall von Enzo wurde der lange Weg eines aus dem Ausland importieren Hundes vorgestellt, bei dem es nicht rosig lief, sondern eher blutrot.

Häufig werden Erkrankungen, traumatische Erlebnisse oder die Angst des Tieres als Entschuldigung für gefährliches, aggressives Verhalten vorgeschoben. Häufig sind Fehleinschätzungen durch Menschen oder eine fragliche Erziehung, die wenig Grenzen setzt, ein idealer Nährboden für Aggression. Die Beobachtung des Verhaltens und die Beziehung zum Tier sollte geklärt werden, bevor man die Erziehung angeht oder eine Verhaltenstherapie beginnt. Und natürlich gehören gesundheitliche Aspekte, Traumata oder Ängste abgeklärt und zu einer guten Anamnese dazu. Der Umgang mit so einem Hund ist in der Folge sehr zeit- und damit auch kostenintensiv. Das Zusammenleben mit ihm ist nicht leicht. Er ist sehr intelligent und teilweise hochgradig aggressiv. Beides zusammen ist eine gefährliche Mischung. Aggressive Hunde können situativ gefährlich sein. Doch wenn ein Hund nicht nur aggressiv, sondern auch intelligent ist, ergibt das eine besonders heikle Mischung. Ein Hund, der gezielt Strategien entwickelt, um zuzubeißen, kann unberechenbarer sein als einer, der impulsiv handelt. In einigen Fällen könnte man sogar den Eindruck gewinnen, dass manche Hunde bewusst Fallen für Menschen stellen.

Mein Sohn Elija ist inzwischen Tierpfleger und Juniorchef im Hundezentrum. Auch er musste bereits mehrere Angriffe durch Enzo ertragen. Wie es ihm dabei ging, schilderte er bei Dreharbeiten unserer Videos für die sozialen Medien. Dabei ist zu erwähnen, dass Elija von Kindesbeinen an mit schwierigen Hunden im Hundezentrum lebt. »Bei Enzo hab ich nicht so ein gutes Gefühl, ich fühle mich nicht wohl bei ihm«, berichtete er im Oktober 2022. »Der geht immer auf mich los und rastet jedes Mal aus, wenn ich vorbeilaufe. Von anderen lässt er sich inzwischen durchaus einschränken und etwas sagen. Aber er hat mit mir irgendeine Nummer am Laufen, ein persönliches Ding. Ich glaube, es lag daran, dass ich einmal zu viel Druck aufgebaut habe. Da wollte er mich zum ersten Mal auf Halshöhe attackieren. Ich habe seitdem einen sehr hohen Respekt vor ihm. Ich kann ihn streicheln, aber seine Körperspannung ist dabei nicht entspannt. Er ist unberechenbar und es kann sein, dass seine Stimmung vom einen auf den anderen Moment kippt und er mich wieder angreift.« Die Geschichte und alle Emotionen rund um Enzo sind Realität und kein Fake. Trotz etlicher Jahre Erfahrung mit schwierigen Hunden lernt man an solchen Kandidaten allein im täglichen Umgang und bei der Pflege immer noch dazu.

Im Umgang mit aggressiven Hunden ist es wichtig, dass man die Persönlichkeit des Tieres klar erkennt und wieder wertschätzt. Dass man das Tier hört und sieht, mit allem, was es mitbringt. Ich halte nichts davon, dass der Mensch stets als Sieger hervorgehen muss. Es ist wichtig, dass der Hund wahrgenommen wird in seinem Ausdrucksverhalten. Es ist unheimlich wichtig für den Hund, dass er dabei wieder Vertrauen erlernen darf. Denn nur, wenn ich gesehen und gehört, wenn ich wahrgenommen werde, kann sich etwas aufbauen, das ein Miteinander begünstigt. Alles andere finde ich verfälscht und unberechenbar gefährlich. Es gehört eben auch dazu, mal Grenzen zu erkennen. Gegenseitig! Aggressive Hunde werden nicht nur räumlich isoliert, sondern landen häufig auch in einer Art kommunikativen Isolation. Und dem muss man entgegenwirken.

Oft werde ich gefragt, woher meine Fähigkeit stammt, mit gefährlichen Hunden umzugehen. Entgegen der Annahme, dass ich dies aus Büchern oder durch eine Ausbildung erlernt habe, muss ich sagen: Das ist nicht der Fall – zumindest nicht vollständig. Ein Teil meines Wissens mag aus solchen Quellen stammen, doch mein größter Lehrmeister war das Leben selbst, meine eigenen Erfahrungen, geprägt durch unmittelbare Begegnungen und Herausforderungen.

Auslandshunde im Wohnzimmer

»Die größten Feinde unserer Hunde sind die Vermenschlichung oder Versachlichung, dicht gefolgt von der Verachtung oder Nichtbeachtung der persönlichen Bedürfnisse.«

Auch wenn mein Leben mit meiner Familie und dem Hundezentrum erfüllt war und lange Jahre vergingen, setzten mir einige Rückschläge, finanzielle Krisen unseres Hundezentrums und nicht zuletzt meine Kindheit zu, die immer mehr begann, mich einzuholen. So schlitterte ich zwischendurch in eine Art Lebenskrise. Ich war auf einmal überfüllt mit so vielen Problemen, Menschen und Hunden, die Hilfe suchten – ein schier endloser Kampf gegen Windmühlen. Was so leicht begann, fühlte sich jetzt schwer an. Meine Freiheit war passé. So viele Verpflichtungen und Anfragen bestimmten täglich mein Leben, es fühlte sich wie eine enger werdende Schlinge um meinen Hals an. Gleichzeitig sah ich so viele verzweifelte Hunde und Menschen, die mir leidtaten. Das Thema Auslandstierschutz lag mir schwer im Magen, kamen daher doch gefühlt so viele neue Fälle zu uns. Oft hoffnungslose.

Ich wollte raus in die Welt, um einerseits ein bisschen Abstand zu gewinnen und meinem inneren Drang nachzugeben, meine häusliche Umgebung mal wieder zu verlassen. Andererseits wollte ich auch unbedingt mehr über Auslandshunde wissen. Warum hat man hier so viele Probleme mit ihnen? Wie leben sie eigentlich in ihrer Heimat, wie unterscheidet sich die Mentalität der Bevölkerung von unserer in Bezug auf das Leben mit Hunden? Ich wollte mir selbst ein Bild machen, star-

Gerd genießt die Gegenwart dreier Herdenschutzhunde und einer Pumi-Hündin. *© mit freundlicher Genehmigung von Johanna Premme*

tete mit meinen Reisen und begann, Hunde intensiv zu beobachten und diese Beobachtungen zu dokumentieren.

Hunde beobachten – das ist sicherlich nicht ansatzweise so interessant, wie man denkt. Denn einen großen Teil des Tages ruhen sie einfach nur. Wenn von jetzt auf gleich Action ist, ist die Kamera natürlich aus und das Beste ist einem durch die Lappen gegangen. Ist die Kamera an, ist alles vorbei und dann liegen sie auch schon wieder – langweilig, müsste man meinen.

Tierschutzvereine haben sich zunächst mit dem nachvollziehbaren Ziel gegründet, Hunden und Katzen aus dem Ausland helfen zu wollen. Der Anfang ist gut und das Ende oft eine Überforderung und manchmal Korruption.

Was also ist gut gemachter Tierschutz, wo hört dieser auf und wo fängt Handel an? Gedanken, die mich insbesondere auf meinen Reisen begleitet haben, drehen sich nicht nur um das, was ich dort beobachten konnte. Sondern automatisch auch um die Rückschlüsse, die sich auf das Leben von Hunden in unserer westlichen Gesellschaft ziehen lassen. Tierschutz hat vor allem das Wohl der Menschen als Grundlage, nur wenn es den Menschen des jeweiligen Landes gut geht, wird es auch den Tieren besser gehen können. Das kann man gut in osteuropäischen Ländern beobachten.

Die Wahrnehmung von Tierhaltung kann stark variieren. Ein lichtdurchfluteter, sauber gehaltener Zwinger mit einer Hütte und Schatten erscheint mir oft geeigneter, als ein dunkles Zimmer mit begrenztem Ausblick auf Mauern ohne Grünflächen oder natürliches Licht.

Viele Haushunde verbringen Stunden allein in geschlossenen Räumen oder Hundeboxen, während ihre Besitzer arbeiten – eine Herausforderung, besonders wenn sich ihre Notdurft meldet. Im Zwinger hingegen bleibt dem Hund die Möglichkeit, Gerüche aufzunehmen, seine Umgebung wahrzunehmen und sowohl Menschen als auch Tiere zu beobachten. Er kann bellen oder eine vorbeihuschende Katze fixieren, ohne sofort gemaßregelt zu werden. Natürlich spreche ich nicht von einer beengenden Kettenhaltung oder einem dunklen Verschlag, sondern von einem sicheren, tierschutzgerechten Areal, das dem Hund Eigenständigkeit gewährt.

Doch oft wird unsere verzerrte Wahrnehmung sichtbar, etwa wenn Menschen einen Wachhund auf einem Firmengelände befreien möchten, weil er vermeintlich einsam wirkt. Wir neigen dazu, Hunden einen ständigen Wunsch nach Geselligkeit zu unterstellen. Doch nicht alle Hunde sind sozial und kontaktfreudig. Manche bevorzugen die Eigenständigkeit.

Enzo und Napoleon sind zwei solcher Hunde, die genau diesen Charakter wiederspiegeln. Die idealisierte Vorstellung einer perfekten Hundehaltung ist stark von unserer eigenen Gefühlswelt geprägt und nicht immer auf die tatsächlichen Bedürfnisse der Tiere abgestimmt. Gerade im Tierschutz werden menschliche Vorstellungen häufig mit den echten Bedürfnissen der Tiere vermischt. Wenn ein Tier solche menschlichen Wünsche nicht teilt, entstehen oft Missverständnisse – der sogenannte »goldene Käfig«.

Auf der Straße sind die Regeln des Überlebens klar definiert. Abenteuer, Gefahren und der tägliche Kampf ums Futter bestimmen das Leben. Besondere Plätze, Partner und Nahrungsquellen werden verteidigt, und dieses Verhalten wird oft in eine neue Lebenssituation übertragen. Wer einen Hund aus dem Ausland adoptiert, erhält selten ausreichende Informationen darüber oder die Emotionen überschatten das Zuhören. Konflikte entstehen dann leicht: Ein Hund hält ein gefundenes Nahrungsmittel zwischen den Zähnen, sein Halter möchte es wegnehmen, doch der Hund verteidigt es. Viele Menschen sind konfliktscheu und vermeiden die Auseinandersetzung, was eine unausgesprochene Spannung hinterlässt.

Ebenso verteidigen einige Hunde Mülleimer, gelbe Säcke oder sogar ihre Besitzer auf Spaziergängen. Leider haben sich Tierheime und Vermittlungsorganisationen in eine Richtung bewegt, die nicht immer den Bedürfnissen der Tiere zugutekommt. Hundehalter werden oft nach strengen Kriterien ausgesucht – wer berufstätig ist oder eine Zwingerhaltung bevorzugt, stößt schnell auf Ablehnung. Manche Interessenten geben daher entmutigt auf.

Während die Anschaffung eines Auslandshundes auf den ersten Blick einfacher erscheint – über das Internet oder soziale Medien ist ein Wunschhund schnell gefunden und kontaktiert –, werden Vorkontrollen oft nur oberflächlich oder gar nicht durchgeführt. Die sogenannte »Schutzgebühr« entpuppt sich manchmal als versteckter Kaufpreis und der Hund findet einen Abnehmer ohne echte Absicherung. Am Ende des Tages ist der neue Halter 365 Tage mit seinem Hund allein.

Die Haltung von Tieren innerhalb der EU, insbesondere in Deutschland, lässt nur den Schluss zu, dass Tierquälerei viele Gesichter hat. Würde man die Bedingungen der Nutzviehhaltung mit derselben Intensität hinterfragen wie die Hundehaltung im Ausland, wäre der öffentliche Aufschrei immens. Denn auch hier, im vermeintlich wohlhabenden Deutschland, gibt es Massentierhaltung und systematische Tötung von Tieren.

Ich habe in Deutschland mit eigenen Augen gesehen, was es bedeutet, wenn Kühe aufgrund fragwürdiger Haltungsbedingungen Opfer eines Feuers werden. Aufgrund von zum Beispiel Anbindehaltung fehlt ihnen die Möglichkeit zur Flucht. Sie ersticken qualvoll oder verbrennen bei lebendigem Leib. Und auch Kälber, die mit schweren Brandverletzungen überleben, warten oft nur noch auf ihr Ende durch den Tierarzt.

In Bulgarien und Rumänien habe ich Kühe gesehen, die mit langen Stricken auf grünen Wiesen weideten oder sich frei mit einem Hirten bewegten – ohne Zäune, mit einem offenen Blick in die Ferne. Für mein Gefühl scheint es mir ein besseres Leben zu sein, als das vieler deutscher Kühe, die in dunklen, kotverschmutzten Anlagen vor sich hinvegetieren. Warum gibt es hier keinen Aufschrei?

Auch in meiner Arbeit als Hundetrainer begegne ich viel Leid. Hunde, die nicht ihrer Natur entsprechend leben dürfen, sondern einem vom Menschen definierten Standard unterworfen werden. Sie müssen sich strengen Verhaltensregeln fügen, die nicht weiter von ihrer ursprünglichen Identität entfernt sein könnten. Da gibt es Hunde, die ausschließlich im Hausflur leben dürfen, während andere Zimmer tabu sind. Hunde, die ihr Leben in verdreckten Zwingern oder Bretterverschlägen fristen. Vierbeiner, die permanent an der Leine geführt werden, weil der Mensch ihre Natur nicht versteht. Hunde, die mit Gewalt zu Boden gedrückt werden, um ihnen »Verhaltenskorrekturen« aufzuzwingen. Und dann gibt es die, die ihr Dasein auf Balkonen oder in Hinterhöfen fristen – fernab eines artgerechten Lebens.

Ich erinnere mich an das Jahr 2015. In dem Stadtviertel von Varna namens »Asparuhovo« gibt es ein kleines Ghetto, dessen Bewohner türkischsprachige Minderheiten Bulgariens sind. Sie sind dunkelhäutiger und werden von einigen Menschen der bulgarischen Bevölkerung regelrecht verachtet. Dieses Viertel ist, wie die vielen anderen Ghettos, durch große Armut gebeutelt. Durch Arbeitslosigkeit und Verachtung gezeichnet, haben sich hier viele Menschen aufgegeben. Unterstrichen wird dies durch Alkohol- und Drogenmissbrauch. Dass gerade hier eine hohe Kriminalität herrscht, die selbst voreinander nicht haltmacht, sollte verständlich sein. Die Sucht macht unmenschlich und kalt. Tierquälerei kann immer wieder verzeichnet werden, ebenso wie Delikte gegen Menschen. Und dennoch finden sich genügend barmherzige und tierliebe Menschen.

So lud mich »Ali«, ein junger Familienvater, zu sich in sein Häuschen ein. Er habe so viele Probleme mit Flöhen, die sein kleiner Pinscher mit ins Haus gebracht habe. Seine Kinder werden durch die quälenden Parasiten ebenfalls gebissen und er wusste sich keinen Rat mehr. Er hatte mitbekommen, dass ich Hunde filme und mich um Hunde kümmere. Ich versuchte, so gut als möglich zu helfen. Ein wenig überfordert war ich, denn die Flöhe waren so viele und das bisschen, was ich tun konnte, war den Hund zu behandeln und klarzumachen, dass die Umgebung ebenfalls behandelt gehört.

Die Freunde und Familie von Ali waren sehr liebe Leute und es tut mir im Herzen weh, wenn ich die vielen Vorurteile und Verunglimpfungen über diese Menschen lese oder höre. Ich habe dort ein vierzehnjähriges Mädchen kennengelernt, deren Mutter als Prostituierte nach Deutschland verkauft wurde. Das Mädchen musste sich deshalb um die kleinen Geschwister kümmern.

Ein guter Freund von mir ist in so einem Ghetto aufgewachsen. In dem Viertel laufen laut seiner Aussage nicht so viele herrenlose Hunde herum. Wenn welche da sind, füttern die Anwohner solche Hunde genauso wie die Menschen außerhalb und nur wenige sind eben anders. Bei Welpen sei es ähnlich: Manche füttern, andere ignorieren sie. Gewalt an den Tieren ist entgegen der vielen Gerüchte nicht allgegenwärtig. Es wurde ihm zwar erzählt, dass Hunde mal geschlagen wurden, er selbst habe so etwas aber nie gesehen. Was er sagen könne, ist, dass es immer wieder inszenierte Hundekämpfe gegeben hat und ja, er habe daran auch schon teilgenommen. Dabei ging es den Teilnehmern nicht um Geld, sondern um ein Kräftemessen, wessen Hund der Stärkere sei. Solche Hundekämpfe findet man in den verschiedensten Ländern. Auch hinter deutschen Kulissen werden regelmäßig Hundekämpfe veranstaltet, bei denen es um Wetten und viel Geld geht. Solche Veranstaltungen sind berechtigterweise verboten und gehören im Verdachtsfall angezeigt.

Im Laufe meiner Recherchen und durch meine Vergangenheit habe ich gelernt, die Hunde im Detail zu erkennen und einzuschätzen. Damit will ich nicht sagen, dass mir nichts mehr entgeht oder ich ohne Fehler beobachten kann, nein, ich möchte nur dafür plädieren, die verschiedenen Rahmenbedingungen und Feinheiten zu berücksichtigen. Dabei müssen immer der jeweilige Hundetypus und die vermutete genetische Disposition berücksichtigt werden. Will der Herdenschutzhundemischling tatsächlich vom gewohnten Territorium gerettet werden und ein Leben im deutschen Wohnzimmer führen oder eher nicht? Mir ist klar, dass es immer Ausnahmen geben wird. Doch es ist wichtig, hier alle Faktoren zu berücksichtigen und sich nicht nur von den Emotionen leiten zu lassen.

Oft die letzte Chance

»Manchmal frage ich mich, ob für einige Hunde das Aussetzen eine Erlösung ist.«

Wenn Menschen ihrer Hunde überdrüssig werden, kann es passieren, dass sie den oder die Hunde aussetzen. So etwas passiert sehr häufig in Südosteuropa, da Armut oder andere Lebensumstände die Menschen dazu treiben. Als westeuropäischer Mensch wird man sich nun vielleicht in seiner Meinung bestätigt fühlen und eventuell einen Groll hegen. Doch Vorsicht, in den Wohlstandsländern passiert doch genau das Gleiche. Nur hat das Aussetzen einen anderen Namen: nämlich Tierheim. Ein dort abgegebener Hund wird auch als »Allergie-«, »Coronahund« oder »Scheidungsopfer« betitelt. Dabei kann doch ehrlich beschrieben werden, dass ebenfalls die Lebensumstände einen dazu treiben.

Hundepensionsbetreiber oder Tierheime können ein Lied davon singen, wie es ist, wenn Menschen die unterschiedlichsten Abgabegründe nennen. In den meisten Fällen sind viel Leid, Not und persönliche Scherbenhaufen für solche Entscheidungen verantwortlich. Bei näherem Hinterfragen, warum überhaupt ein Tier angeschafft wurde, wird oft ein zu voreiliges Handeln erkennbar. Die Emotion des oder der Einzelnen hat zu der Entscheidung geführt, obwohl, mit Vernunft gedacht, ein Hund gar nicht in die derzeitige Lebenssituation gepasst hätte.

Weiter beschäftigt mich die Frage, wie sich eine solche Trennung für den Hund darstellt. Wir Menschen können uns den gewünschten Hund aussuchen, der Hund hat dabei keine Entscheidungsmöglichkeit. Ich stelle es mir schrecklich für ein

Lebewesen vor, bei nicht wirklich passenden Menschen verbleiben zu müssen. Hunde müssen mit unseren Fehlern klarkommen. Zeigen allerdings die Hunde Fehler, werden sie rigoros rausgeschmissen oder durch neue ersetzt.

Einmal konnte ich beobachten, wie ein mittelgroßer, schwarzer Hund einem weißen Bus, der von einem Feldweg auf eine sehr befahrene Straße einbog, hinterherrannte. In dieser Situation war ich mir ziemlich sicher, Zeuge davon zu sein, wie jemand seinen Hund aussetzt. Schnell zückte ich die Kamera und hielt diese herzzerreißenden Szenen fest. Zudem fotografierte ich das Nummernschild des Fahrzeugs. Der Fahrer bemerkte offenbar, dass er von mir beobachtet wurde und hielt etwa zwei Kilometer weiter auf dem linken Fahrbahnrand an, um vielleicht seinen Hund wiederzuholen. Denn das Aussetzen des Hundes ist schließlich bei Strafe verboten. Was auch immer passiert ist, der Hund wirkte nachvollziehbar verstört und lief einige Male fast in vorbeifahrende Fahrzeuge. Meine Versuche, den Hund anzulocken, schlugen fehl. Er wollte zu seinem Herrchen. Was am Ende mit ihm passierte, das weiß ich leider nicht.

Manchmal habe ich mich gefragt, ob das Aussetzen für manche Tiere eine Erlösung von der Kette oder den viel zu engen Zwingern oder dem Menschen selbst ist. Denn Ketten- oder Zwingerhaltung ist in osteuropäischen Ländern normal. Hunde sind zum Wachen da, sie sollen bellen und somit Eindringlinge melden. Es wird ständig vom großen Leid der Straßentiere berichtet, dass Hunde in Menschenobhut häufig ein viel schlechteres Leben haben, davon berichten wenige. Es sollte viel mehr kontrolliert werden, wie der Einzelne seinen Hund hält, als ständig nur Leid bei Straßenhunden zu suchen. Einige Hunde, die an der Kette hängen, haben häufig Parasiten, Entzündungen, frische Abriebwunden und verfilztes Fell. Bei diesen Hunden ist die Umgebung von Kot und Urin verschmutzt und idealer Nährboden für Ungeziefer und andere Quäl-

geister. Der Hund wird durch diese Form der Haltung krank und weil sich solche Hundehalter häufig keinen Tierarzt leisten können, werden die Tiere in Folge ausgesetzt und sich selbst überlassen.
Genau dieses Problem verursachte die Masse an herrenlosen Hunden. Noch vor 20 Jahren gab es laut der – natürlich auch grausam klingenden – Aussage der von mir befragten Bulgaren so gut wie keine Straßenhunde: »Die waren alle weg. Der Sozialismus und die Asiaten haben die Hunde verfolgt. Die einen haben sie erschossen und die anderen gegessen.« Kaum vorstellbar, was zwanzig Jahre ausmachen können. Die Population der Straßentiere ist inzwischen gigantisch!
Dennoch halten die Menschen an dieser Form der Hundehaltung fest, denn teure Alarmanlagen oder eine Sicherheitsfirma können sich die wenigsten leisten. Deshalb spielen die eigenen Hunde eine wichtige Rolle und haben im Gegenzug zu den westlichen Staaten zumindest noch eine Aufgabe zu erfüllen. Eine Aufgabe, die vielen Hunden eine wichtige Bedeutung in der Sozialstruktur zwischen Mensch und Hund gibt. Ein Hund an der Kette muss nicht zwingend ein schlechtes Leben haben. Ich habe häufig zufrieden wirkende Wachhunde gesehen. Von einer Familie wusste ich, dass sie unzufrieden mit ihrem Hund war, weil er an der Kette hängt und nicht bellt. Sehr wahrscheinlich haben sie das Tier abgegeben.
Das wachsame Verhalten der importierten Hunde, wenn diese sich in Deutschland wiederfinden, ist allerdings häufig ein Problem. Hier wollen die meisten Menschen einen Hund, der leise ist und die Nachbarn nicht stört. In Ungarn, Rumänien, Bulgarien und den verschiedenen anderen Ländern Osteuropas sollte der Hund »kernig« sein. Schließlich geht es um Schutz. Beißt er einen Eindringling, wird das toleriert, und jeder weiß das. Dort ist niemand überrascht, wenn ein Hund beißt, wenn jemand ungefragt das Grundstück betritt.

Ich konnte selbst mitverfolgen, wie sich so eine Notsituation für Mensch und Hund im Balkan aufbaut. Eine befreundete Familie bekam in ihrem Haus auf dem Land plötzlich Besuch einer trächtigen Straßenhündin. Dabei war nach Erzählung der Familie klar erkennbar, dass sich die Hündin zuvor erst einmal »informiert« hat, ob die Eigentümer freundlich zu ihr sind oder nicht. Sie wurde gefüttert und liebevoll behandelt. Da die Trächtigkeit schon sehr fortgeschritten war, warf »Sarah«, wie ich sie später nannte, ihre Welpen zunächst außerhalb des Grundstücks, um die Jungtiere etwas später durch ein Loch im Zaun bei der Familie auf dem Grundstück im hohen Gras zu verstecken. Hier lebten die Welpen und wurden durch die Mutter oft zurückgelassen, während sich diese um einen kühlen Schattenplatz oder Nahrung bemühte.

Für mich war diese Erzählung und später eigene Beobachtung hochinteressant, da in Deutschland immer wieder die Aussage gemacht wird, dass in Osteuropa Welpen irgendwo mitten auf dem Feld oder auf der Wiese ausgesetzt wurden. Diese werden dann gerettet und später nach Deutschland vermittelt. Doch ich habe eine andere Beobachtung gemacht: Es gibt Hündinnen, die ihre Welpen bewusst an solche Stellen mit hohem Gras bringen und dort eine kleine Kuhle graben, um so die Begegnung mit Störenfrieden zu minimieren.

Bei Feldhasen nennt man diese Gruben »Sasse«. Die Jungen sind Nestflüchter, können also nach kurzer Zeit sehen, hören und sich selbstständig fortbewegen. Häsinnen besuchen ihre Jungen nur ein- bis zweimal am Tag. Den Rest der Zeit sind sie allein. Die Tiere sind zwar einsam, aber nicht verlassen. Es ist eine bemerkenswerte Strategie. Denn das Ablegen der Jungen in den Sassen nennt man »Feindvermeidung« und es sollte durch den Menschen tunlichst vermieden werden, diese Tiere dort zu berühren oder sie gar wegzunehmen. Das ist hinlänglich bekannt und oft wissen schon Kinder, dass sie Wildtiere nicht hochheben oder gar mitnehmen dürfen.

Nicht viel anders lassen sich die Strategien der Hündinnen erklären, die ihre Jungen zwischen hohen Gräsern oder auf Feldern allein lassen. Sie gehen auf Nahrungssuche, während sich die Welpen als Wollknäuel eng zusammengekuschelt wärmen oder schützen. Warum erzähle ich das? Weil die vermeintlich ausgesetzten Welpen, die dann nach Deutschland gebracht werden, oftmals nicht ausgesetzt sind. Natürlich darf man nicht wegschauen, wenn Tiere wirklich in Not sind, aber Welpen auf Verdacht einfach mitzunehmen und der Mutter zu berauben, ist nicht nur tierschutzrelevant, sondern ebenso dumm. Wer sich nicht sicher ist, ob eine Mutter vor Ort ist, der sollte sich gut versteckt und in vertretbarer Distanz auf die Lauer legen und das Beobachten lernen. Es kann oft lange dauern, bis die Mutter zurück ist. Ich habe oft bis zu drei Stunden gewartet und bei einer Hündin tagsüber sogar einen rhythmischen Takt von drei Stunden feststellen können. In diesem Zeitabstand sah sie immer wieder nach ihren Welpen. Erst wenn durch sorgfältige Beobachtung ausgeschlossen werden kann, dass sich ein Muttertier kümmert, sollte gehandelt werden und zuvor klar sein, welches Ziel angefahren wird, da die Ansteckungsgefahr für die Kleinen in den Heimen viel zu hoch ist. Wenn schon retten, dann richtig!

Dabei eignet sich eine fürsorgliche Privatperson viel eher und bestenfalls gibt es sogar eine Hunde-Ersatzmutter, die Milch trägt und Ammendienste leisten kann. Auch in diesem Fall besteht die Gefahr, dass sich Welpen mit Keimen infizieren. Diese ist dennoch bei Weitem nicht so hoch wie im Tierheim. Von der hohen Sterbewahrscheinlichkeit in den bulgarischen Tierheimen habe ich schon berichtet. Eine häufige Todesursache ist zum Beispiel die hoch anstekkende Parvovirose. Aber es gibt zahlreiche weitere Krankheiten und Parasiten, denen die jungen Tiere mit einem noch nicht ausgebildeten Immunsystem erliegen können.

Jedenfalls hat sich Sarah, obwohl die Kleinen immer wieder allein waren, gut um den Wurf gekümmert. Sie hatte fünf Welpen zu be-

treuen. Anders als es in Menschenobhut zugelassen wird, bleiben die Welpen nicht selten bis zu einem Jahr und selten noch länger bei ihrer Mutter oder halten sich zumindest in ihrer Nähe oder mit Geschwistertieren auf. Während ich Sarah beobachtete und filmte, war sie erneut trächtig, als ihre Jungen ungefähr ein halbes Jahr alt waren. Den neuen Wurf brachte sie direkt auf dem besagten Grundstück unter einem Container zur Welt.

Die Familie hatte ein großes Herz für Hunde, aber wenig Geld. Beim zweiten Wurf waren es gleich neun Welpen, somit fast doppelt so viele wie beim ersten. Mit den fünf Junghunden, den neuen Welpen und Sarah lebten bei der Familie innerhalb von ein paar Monaten plötzlich 15 herrenlose Hunde. Was sollten die Menschen nun tun? Die Tiere verhielten sich heimisch und die Hunde hatten so etwas wie einen Familienverband. Somit zeigten sie sich auch territorial verteidigend und sozialmotiviert aggressiv, wenn zum Beispiel für sie Fremde auf der Straße vorbeiliefen. Die Einwohner des kleinen Dorfes, in dem die Familie ihr Haus hat, wurden immer gereizter und feindseliger gegenüber den Hunden und der Familie selbst. Die ersten Drohungen, die Tiere zu vergiften, wurden geäußert, der Bürgermeister wurde informiert und aufgehetzt. Eine traurige Geschichte, wenn man bedenkt, dass die Familie lediglich den »Fehler« machte, tierlieb zu sein. Informierte Tierschutzorganisationen hatten zwar gute Ratschläge parat, richtige Hilfe kam allerdings nicht.

Das dramatische Ende war, dass die inzwischen bereits zwölf Wochen alten Welpen in ein Tierheim gefahren und von der Mutter getrennt wurden. Diese hatte ja noch ihre ersten Jungtiere um sich herum, die inzwischen ein gutes Jahr alt waren. Eine langhaarige Hündin aus dem Wurf lag eines Tages tot im Gebüsch. Ihre drei Brüder sind irgendwann spurlos verschwunden. Die verbliebene Tochter Rebecca hatte inzwischen selbst Welpen, um die sie sich kümmerte. Und Sarah … wurde überfahren am Straßenrand aufgefunden … Rebecca hatte es gesehen. Immer nach dem Säugen

Von einem freien, selbstbestimmten Leben in ihrer Familie wurden die Welpen in ein Tierheim verfrachtet. Ob sie alle wieder ein Zuhause fanden, weiß ich nicht.

ihrer eigenen Welpen ist sie wieder an diese Stelle zur Straße gelaufen und hat sich neben ihre tote Mutter gelegt. Wir haben Sarah dann beerdigt – und trotzdem legte sich Rebecca immer noch an diese Stelle. Es zerreißt mir jedes Mal das Herz, wenn ich an diese Familientragödie zurückdenke.

Bald darauf baute sich die menschliche Familie einen hohen Zaun, damit keine »neue Sarah« mehr eindringen und die Geschichte sich nicht so oder ähnlich wiederholen konnte. Rebecca saß noch lange Zeit immer wieder vor dem neuen Zaun und schien eine Bindung zu den Menschen zu suchen. Sie wollte in ihr altes Zuhause zurück. Irgendwann sah ich auch sie nicht mehr.

An diesem Beispiel lässt sich vielleicht etwas leichter nachvollziehen, warum Hunde in den ärmeren Ländern ausgesetzt werden oder ausgesetzt werden müssen. Die meisten Menschen tun dies, weil sie diese nicht töten wollen und den Hunden eine Chance geben möchten, sich auf eigene Faust durchs

Der Blick spricht Bände: Rebecca trauert um ihre Mutter.

Leben zu schlagen. Vor zehn Jahren verdienten die Menschen zum Beispiel in Bulgarien durchschnittlich zwischen 400 und 500 Euro im Monat – eine Summe, die kaum ausreichte, um über die Runden zu kommen. Eine Kastration für fremde Hunde zu finanzieren? Unvorstellbar, vor allem wenn eine Familie ernährt werden musste und möglicherweise Kredite für ein Fahrzeug oder einen Elektroherd abgezahlt werden.

Die Situation in den osteuropäischen Ländern wird in unseren Medien oft verfälschend und generalisierend dargestellt. Mit keiner Zeile möchte ich abstreiten, dass es eiskalte Menschen und Tötungen gibt. Doch die Mehrzahl der Menschen in diesen Ländern sind durch das harte Leben entweder gleichgültig resignierend geworden oder sehr tierlieb.

Tatsächlich werden manche Geschichten schlicht erfunden und gezielt im Internet verbreitet. Ich bin bereits auf Berichte über die »Hölle der Tiere in Rumänien« gestoßen oder habe von »zurückgebliebenen Menschen« gelesen. Besonders häufig erscheinen solche Texte auf Plattformen selbst ernannter Tierschützer, darüber kann ich mich fürchterlich aufregen. Bei vielen meiner Vorträge befragte ich die Zuhörer, wer denn schon mal Rumänien oder Bulgarien besucht hat. Selbst bei einer Teilnehmerzahl von dreihundert Leuten meldeten sich nur sehr wenige und diese machten dort entweder Urlaub oder besuchten irgendwelche Tierheime. Sie hatten also entweder schöne Landschaften oder extreme Notlagen in Tierheimen zu Gesicht bekommen. Ein wirklich objektives oder differenziertes Bild des Landes kann dabei nicht entstehen.

Nur wer sich darauf einlässt oder besser einlassen kann, bestimmte Geschehnisse wertfrei zu beobachten, hat einen wichtigen Grundstein geschaffen, um ein Land tatsächlich kennenzulernen.

Um ein Land wie Bulgarien mitsamt seiner Bevölkerung, Mentalität der Menschen und ihrem Verhältnis zu Tieren zu ergründen, musste ich über Jahre viele Tausende Kilometer mit dem Auto reisen und weitere unzählige Strecken laufen. Mit Menschen sprechen, mir selbst ein Bild machen, in die andere Lebensweise und Kultur eintauchen. Hintergründe und

Fürsorge der Anwohner

Beweggründe erst erkennen, um dann zu verstehen. Dabei ging ich akribisch genau vor.

Wenn eine Person auf eine andere Person trifft, um diese kennenzulernen, bleibt es nicht aus, sich gegenseitig vorzustellen. Genau so habe ich das mit einem ganzen Land gemacht. Ich habe diesem Land die Chance gegeben, sich bei mir vorzustellen und umgekehrt öffnete ich mich für das Land. So lernte ich die Menschen kennen und stieß dabei auf Armut und Direktheit. Die Menschen sind häufig sehr pragmatisch und einfach. Häufig teilen sich Geschwister ein gemeinsames Zimmer und manchmal leben alle miteinander in einem Raum, der als Wohnbereich und gleichermaßen Schlafbereich genutzt wird. Mehrere Generationen in den Häusern oder Wohnungen sind ebenfalls keine Seltenheit.

Ein ähnliches Bild zeigt sich während der Sommerferien, die hier mehrere Monate dauern, in den verlassenen Schulhöfen oder in Parkanlagen. Mehrere Generationen sind häufig in Grüppchen versammelt, bilden im Gesamtbild jedoch eine Einheit. Würde ein Fremder Probleme machen, hätte dieser anschließend garantiert selbst Probleme. Der Zusammenhalt ist enorm. Unter ärmsten Bedingungen macht der Zusammenhalt überlebensfähig.

Katzen auf dem Vormarsch

»Katzen sind selbstverständlich Freigänger. Hunden wird dieses Recht nicht zugesprochen.«

In den Jahren, in denen ich umfassend Straßenhunde beobachtet habe, ist mir aufgefallen, dass es zum Beispiel in Varna immer weniger Hunde gab, dafür immer mehr Straßenkatzen. Darüber habe ich bereits mit Einheimischen gesprochen, die meine Meinung teilen. Mir stellt sich die Frage, ob durch die Abnahme der Hundepopulation durch staatliche oder Tierschutzmaßnahmen den Katzen ein breiteres Feld geboten wird. Vielleicht hielten bis dato die Hunde das Gleichgewicht der Katzenpopulation aufrecht. Durch eine Form der Eindämmung über Bejagen, Vertreiben und Ressourcenverknappung

Diese Mutterhündin zog neben ihren Welpen auch hin und wieder Katzen auf.

beziehungsweise deren Verteidigung. Es erscheint mir jedenfalls eine logische Erklärung zu sein, ohne dass ich hierzu eine Studie betrieben hätte.

Ich habe schon oft beschrieben, wie sich meiner Meinung nach der ausländische Tierschutz zu sehr in den östlichen Ländern einmischt. Es sind nicht die staatlichen Hundefänger, die die Tiere dauerhaft bedrohen, sondern eine häufig unter dem Deckmantel des Tierschutzes getarnte, mafiöse Struktur. Oft verstehen selbst deutsche Spender oder andere Unterstützer nicht, dass manche Organisationen zwar einen deutschen Namen tragen, aber offiziell gar nicht als Verein in Deutschland registriert sind. Manche hängen mit drin und wissen es nicht einmal. Sie sind überzeugt davon, dass sie Gutes tun und wollen von verursachten Schäden nichts hören. Im Gegenteil: Sie verteufeln jeden, der sich ihnen in den fraglichen Weg stellt.

Dabei wäre es so leicht, einen besseren Tierschutz zu leben, wenn man sich schon im Ausland einbringen möchte. Beobachten wäre ein erster wichtiger Schritt dabei, dicht gefolgt von der Anpassung an die jeweilige Kultur und die Wahrung des damit einhergehenden Respekts vor dem menschlichen Leben. Nur auf Tiere zu achten, grenzt Menschen aus, und das ist der falsche Weg. Warum wir anderen Ländern erklären wollen, wie »wirklicher« Tierschutz funktioniert, obwohl wir in den eigenen Ländern selbst nicht mit unseren Straßentieren klarkommen, werde ich wohl nie verstehen. In Deutschland zum Beispiel wurde durch den deutschen Tierschutzbund eine Zahl von gut über zwei Millionen Straßenkatzen geschätzt. 99 Prozent der Straßenkatzen sind krank und auf menschliche Hilfe angewiesen. Unsere Kastrationsprogramme funktionieren seltsamerweise nur spärlich, obwohl diese bereits seit Jahrzehnten laufen. Eine wirkliche Lösung ist offenbar nicht in Sicht.

Und jetzt kommen Deutsche in Länder wie Bulgarien oder Rumänien und meinen, hier die Lösung aufzutischen? In vielen Ländern läuft Kastration als Form des Tierschutzes bereits – und wenn man mal ehrlich ist, es hat sich nicht wirklich viel getan. Gebietsweise kann Kastration durchaus Erfolge bringen, wenn sie konsequent und planvoll umgesetzt wird. Es gibt aber keine guten Studien darüber.

Also warum lösen herrenlose Katzen in anderen Ländern nicht annähernd die gleiche Hysterie aus wie herrenlose Hunde? Liegt es darin begründet, dass wir den Anblick herrenloser Katzen gewöhnt sind. Auch hierzulande ist es vollkommen in Ordnung, dass Katzen nun mal »Freigänger« sind. Warum wird dieses Recht Katzen zugesprochen, Hunden jedoch nicht? Wird ein streunender Hund in einer Großstadt gesichtet, dann wird sofort gehandelt. Dabei werden nicht selten Behörden, die Polizei und der Tierschutz eingeschaltet und auch sonst jeder, den man auf den Plan rufen kann. Das Bild des umherstreunenden Hundes verliert sich zunehmend in Deutschland, nur wenige Menschen können damit noch umgehen. Das moderne Zusammenleben mit unseren Hunden lässt den Hund einen anderen Stellenwert in der Gesellschaft einnehmen. Hunden wird die Eigenschaft der Eigenständigkeit nicht mehr zugetraut, da wir als Hundehalter den Tieren von klein auf bestimmte Konflikte ersparen oder diese schon für die Welpen lösen. Ob das ein guter Weg ist, sei dahingestellt.

Eine Katze ist ein eigenständiges Lebewesen, welches sich einer Führung durch den Menschen zu erwehren scheint. Unsere Hunde dagegen lassen sich gerne helfen und werden richtige Nutznießer unserer Fürsorglichkeit. Dabei sei die genetische Komponente berücksichtigt. Soll heißen, das trifft natürlich nicht auf alle Hunde von jedem Typus zu.

Hunde und Katzen sind sich ähnlich, was die Intelligenz betrifft – Hunde sehen meiner Meinung nach nur etwas »hilfloser« aus. Doch wer Straßenhunde beobachtet, wird überrascht sein, wie clever sie sind. Welche spannenden Strategien sie entwickeln, um in und mit der Umwelt klarzukommen. Einige davon habe ich in diesem Buch versucht zu beschreiben. Es gäbe zahlreiche mehr.

Gerne vergleiche ich Straßenhunde mit deutschen Bauernhofkätzchen. Sie sind mit dem Menschen verbunden und auf menschliche Nähe angewiesen. Doch zu viel Nähe sperrt sie ein. Will der Mensch so eine Katze in sein Zuhause aufnehmen, eine Wohnung, wird er nicht selten eine unerwartete Reaktion des Tieres erleben. Es zeigt wahrscheinlich nicht die eventuell erwartete Dankbarkeit, sondern entpuppt sich als eine Mieze, die buchstäblich die Wände hochgeht. Ein halbwildes Tier, welches zuvor selbst entscheiden konnte, wie es sein Leben lebt und wohin es sich wann bewegt. Die Sinne sind auf stetige Alarmbereitschaft geschult, es kann sich also eine gesteigerte Flucht- oder Abwehrbereitschaft zeigen. Selbst die Idee, sich ein eher junges Kätzchen aus einem solchen Umfeld zu nehmen, geht häufig erst einmal in eine andere Richtung als geplant und gewünscht. Sicher kommt es auf die Erfahrungen im vorherigen Umfeld an, wie sich so ein Tier in der neuen und häuslichen Situation zurechtfindet.

Hunde und Katzen haben ein Weiteres gemeinsam: Beide Vertreter haben gelernt, ein Leben sozusagen als Kulturfolger zu führen. Sie halten sich mit und um die Menschen herum auf, leben von ihren Nahrungsabfällen oder hängen sich bestimmten Menschen an, um gezielt gefüttert zu werden.

Es gibt mehrere Möglichkeiten, wie sich die Tiere in solchen Gebieten aufteilen. So gibt es Gegenden, die eine vermehrte Katzenpopulation aufweisen und sich dort nur wenige Hunde blicken lassen. Ebenso finden sich Areale, wo überwiegend

Hunde leben. Und darüber hinaus gibt es genügend Plätze, an denen sich beide in etwa gleicher Anzahl finden und sie weitestgehend in einem friedlichen Neben- oder sogar Miteinander leben.

Zwischen den grauen Hochhäusern in den Städten, dort, wo viele Müllcontainer stehen, lassen sich solche Symbiosen beobachten. Katzen und Hunde, die in gleichen Gebieten miteinander leben und erkennbaren Nutzen voneinander haben. Die gelenkigen Katzen holen die mit Nahrungsresten gefüllten Abfalltüten aus den Müllcontainern, reißen sie auf, fressen daran und hinterlassen häufig große Reste für die weniger gelenkigen und wartenden Hunde. Man scheint sich gebietsweise zu respektieren. Es gibt allerdings Hunde, die sehr sportlich sind, sich über Sprungklettern Zugang zu den Behältern verschaffen und sich selbst bedienen können. Der Nutzen, den die Tiere voneinander haben, zeigt sich spätestens bei der Ressourcen-

Ungleiches »Geschwisterpaar«, das von der eben gezeigten Hündin aufgezogen wurde und gemeinsam groß geworden ist.

und Revierverteidigung, denn Eindringlinge werden vehement verjagt.

Was manchmal zu beobachten ist, sind Jungtiere unterschiedlicher Gattungen, die miteinander aufwachsen und sich tatsächlich das Futter und die Liegeplätze teilen. Sie praktizieren zum Teil sogar eine gegenseitige Pflege und suchen offensichtlich die Nähe zueinander. Ein selteneres Bild sind Hundemütter, die Kitten wie eigene Welpen annehmen, diese säugen und pflegen.

Eine sehr traurige Geschichte trug sich bei »Sarah« auf dem Land zu. Sie war mit Abstand eine der zärtlichsten und fürsorglichsten Hundemütter, die ich je beobachten konnte. Sarah hatte sich tatsächlich einem Kitten angenommen. Ein rotes kleines Kätzchen, dass zusammen mit ihren ungleichen Geschwistern aufwuchs. Die Welpen spielten häufig zusammen mit der kleinen Roten – und das nicht gerade sanft. Unter Murren und Fauchen ließ sich die junge Katze sehr viel gefallen. So staksten die Welpen auf ihr herum, nahmen den ganzen Kopf in das Maul oder schleiften sie am Fell hinterher. Umgekehrt konnte die feurige Schönheit ebenfalls austeilen. Es machte mir große Freude, die Tiere beim Miteinander zu filmen und immer wieder Neues zu entdecken.

Als die Katze älter wurde und selbst zu jagen begann, wurde dieses Miteinander zunehmend interessanter. Wenn ich über die Wiese lief, auf und an der die Familie beheimatet war, konnte ich immer wieder tote Vögel finden, die offensichtlich durch die Katze gefangen und ihren »Geschwistern« überlassen wurden. Umgekehrt trug Sarah, die Mutterhündin, Knochen oder Fleischreste, die sie in der Umgebung finden oder ergaunern konnte, heran und so sah die Wiese wie ein kleiner Schlachtplatz aus. An Nahrung fehlte es hier jedenfalls nicht – auch Ahmed, ein 75-jähriger Bulgare, versorgte die Hündchen ab und an. Die Tiere machten somit alle einen gut genährten Eindruck.

Eines Tages passierte das Unglück. Ich wurde von Mike angeschrieben, dass die rote Katze durch einen fremden Haushund getötet wurde. Mir war klar, dass die Katze sicher unvorsichtig war und sich dem fremden Hund gegenüber ähnlich verhalten haben muss wie ihrer kleinen Hundefamilie gegenüber. Sie zeigte mit ziemlicher Sicherheit eine tödliche Neugier und leider kein Fluchtverhalten, das ihr das Überleben gesichert hätte. Der einzige Trost für mich, war zu hören, dass es wohl sehr schnell ging und die rote Schönheit nicht gelitten habe.
Es gibt selten solch unschönen Szenen, bei denen Katzen durch Hunde getötet werden. Das passiert tatsächlich mehr bei Hunden, wenn sie in Menschenobhut leben. Was ich dagegen bei Straßenhunden beobachten konnte, waren harmlose Jagdeinheiten durch Hunde, etwa in territorialer Motivation oder tatsächlich aus Langeweile und zum offensichtlich spaßigen Zeitvertreib. Gerade bei Junghunden oder in besonders gebietstreuen Gruppen konnte ich hin und wieder solche Szenarien sehen. Zunächst liegen die Tiere faul herum. Bis einer sein Haupt hebt und gelangweilt durch die Gegend lugt. Erspäht er eine Katze, springt er auf und als ob eine Blitzmeldung die Runde macht, sind die Gruppenmitglieder hellwach und jagen der Katze hinterher. Auf dem Rückweg sind die Ruten der Hunde hoch erhoben, die Gangart stolzierend-trabend und der Kopf ist nach oben gerichtet. Es wirkt, als ob die Tiere dadurch Größe und Zusammenhalt demonstrieren, und, vermenschlicht ausgedrückt, wirken sie tatsächlich sehr angeberisch dabei.
Aus Langeweile passieren im Übrigen viele merkwürdige, dennoch jagdlich angehauchte Spielereien. An einem Parkplatz in Rumänien stieß ich auf eine Gruppe von jungen Hunden, die sich an einem kleinen Jungvogel ausprobierten. Ein spezieller Hund aus der Halbwüchsigen-Gruppe trug den Piepmatz in seinem Maul haltend am Kopf umher und setzte ihn immer wieder vor sich ab. Er beleckte den Vogel hin und wieder, hob ihn wieder auf und trabte mit dem armen halb gefiederten Kerl an eine neue Stelle. Der

Vogel piepste, der Hund hatte sichtlich Spaß daran. Irgendwann konnte ich mit der Kamera nicht mehr länger filmen und befreite den kleinen Vogel aus seiner misslichen Lage. Normalerweise mische ich mich nicht ein, doch der Piepmatz tat mir sehr leid – menschliche Emotionen eben. An einer Stelle weit von den Hunden entfernt, setzte ich den offensichtlich unverletzten Vogel unter einem Buschwerk ab und vertraute auf seine Instinkte, dass er zu gegebener Zeit hoffentlich nach seiner Mutter rufen würde. Hoffentlich fiel er nicht einer Katze zum Opfer …

Der Gerd-Effekt

»Die Hunde wissen, dass ich handle, wenn es nötig ist.«

Irgendwann beschäftigten mich meine Wurzeln doch mehr, als ich früher angenommen hatte. Der Kontakt mit meiner Adoptivmutter Gisela ist immer noch sehr herzlich, auch wenn die gemeinsamen Jahre alles andere als einfach waren. Jahrelang hatte ich trotzdem meine leibliche Mutter gesucht und dabei immer die leise Hoffnung: Bestimmt sucht sie mich auch. Angeblich hat sie das auch, hatte aber nie eine Info von irgendwoher bekommen. Im Oktober 2022 war es dann so weit, wir haben uns seit meinem fünften Lebensjahr zum ersten Mal getroffen. Ich war immer überzeugt davon, dass es mit einer leiblichen Mutter anders ist. Auch wenn sie das Kind, mich, aus irgendwelchen Gründen nicht wollte oder haben konnte. Ich habe mir erhofft, dass die Verbindung trotzdem da ist, dass sie steht.

Doch so einfach und selbstverständlich ist es nicht.

Was mich mit am meisten interessierte, als wir wieder Kontakt hatten, waren Infos zu meinem leiblichen Vater. Zu ihm hatte ich einen viel stärkeren Bezug, obwohl er sehr brutal war. Trotzdem fehlte er mir phasenweise schrecklich, besonders als Kind im Heim.

Ich hakte bei meiner Mutter nach, wie er so war, wollte mehr über ihn wissen. Aber sie erzählte nur von Gewalttaten. Dass er mal mit einem Gewehr vor ihr stand, einen Hund auf uns restliche Familie gehetzt hat. Das mit dem Hund hat sogar meine Schwester später bestätigt. Scheint so passiert zu sein. Insgesamt klangen ihre Schilderungen ein bisschen so wie aus dem amerikanischen Ghetto und erinnerten mich an den Film »8 Mile« mit Eminem.

Gern wollte ich noch mehr über mich wissen, über meine Abstammung. Sie versprach, alles für mich zusammenzusuchen. Aber genau an dem Tag, als ich dann zu ihr kam, fand sie alles zufällig nicht mehr wieder.

Sie lebt jetzt irgendwo im Norden und für den nächsten Tag verabredeten wir uns bei der Seehundauffangstation. Ich freute mich wirklich wie ein kleines Kind. Juhu, wir machen einen Ausflug, seit 48 Jahren, mit meiner leiblichen Mutter! Doch am nächsten Morgen, der Tag unserer Verabredung, kam ein Anruf, sie habe verschlafen und schaffe es nun nicht. So wie meine Freude war auch meine Enttäuschung genauso groß, wie ich es aus meiner Kindheit kannte.

Ein Satz aus den Akten tut mir besonders weh: »Das Kind war nie gewollt.« Ob das stimmt oder nicht, ich werde es nie erfahren, auch wenn meine Mutter heute das Gegenteil behauptet. Aus irgendeinem Grund glaube ich, dass mein Vater mich gewollt hat.

Heute ist der Kontakt eher sporadisch. Ab und zu schreibt sie mir mal »Wie geht's dir?« Oder schickt einen Smiley. Ich hatte mir mehr erhofft. Über die Jahre hinweg hat mir meine echte Familie so sehr gefehlt. Eine Mutter, die über mich sagt: »Mein Sohn.«

Zu meiner leiblichen Schwester Bianca habe ich übrigens Kontakt. Sie schreibt mir aus meiner Familie am meisten. Nur zu einem Treffen kam es noch nicht. Sie sagt, das kann sie nicht. Sie hat genau die gleichen Macken wie ich: Berührungsängste, kann nicht schlafen und allerlei andere Folgen, die sicherlich auf unsere Kindheit zurückzuführen sind. Wir sind eben schwierige Kinder – auch noch als Erwachsene. Wer in seiner Kindheit Liebesentzug erfahren hat, trägt diese Narben oft ein Leben lang mit sich. Besonders prägend ist die emotionale Distanz der eigenen Eltern, wenn Zuneigung nicht selbstverständlich ist, sondern an Bedingungen geknüpft wurde. Oder gar nicht vorhanden war.

Ein Kind, das immer darum kämpfen musste, gesehen oder anerkannt zu werden, entwickelt Schutzmechanismen. Es lernt, Gefühle zu unterdrücken, um nicht zurückgewiesen zu werden. Es lernt, sich anzupassen, um wenigstens ein Minimum an Akzeptanz zu erfahren. Es lernt, dass Liebe nichts ist, was einfach gegeben wird, sondern etwas, das verdient werden muss.

Diese Muster begleiten einen bis ins Erwachsenenalter. Wer nie bedingungslose Zuneigung erfahren hat, kämpft oft mit Selbstzweifeln, Unsicherheiten und der tiefen Angst, nicht genug zu sein. Beziehungen werden zur Herausforderung: Nähe kann beängstigend sein, weil man gelernt hat, dass Liebe nicht verlässlich ist. Man hält Distanz oder klammert sich an Menschen, die einem vielleicht gar nicht guttun – aus Angst, erneut zurückgewiesen zu werden.

Doch auch wenn die Vergangenheit nicht veränderbar ist, ist es möglich, die eigenen Muster zu erkennen und sich davon zu lösen. Es ist schwer, aber nicht unmöglich. Denn schwierige Kinder müssen nicht zwangsläufig schwierige Erwachsene bleiben – sie sind nur die, die lernen mussten, mit dem zu leben, was ihnen fehlte.

So sehr ich in meiner Familiengeschichte nach ehrlichen Antworten suche, so beschäftigt mich das Thema Aufrichtigkeit und Authentizität auch im Hundetraining. All dies ist im Umgang mit Hunden enorm wichtig. Ich habe zum Beispiel nichts gegen Körperlichkeit, solange sie fair ist. Ich lasse mich zum Beispiel nicht beißen. Wenn ein Hund mir aggressiv entgegenkommt, dann tue ich in dem Moment, was nötig ist, um ihn davon abzuhalten, mich anzugreifen. Ich rede hier von Selbstverteidigung. Ich lasse mich ja auch nicht von einem anderen Menschen schlagen. Es ist mein gutes Recht, mich zu verteidigen, wenn ich angegriffen werde. Mein Persönlichkeitsrecht auf körperliche Unversehrtheit. Ich habe einfach zu viele Verletzungen gesehen – bei Menschen durch Hunde oder andere Menschen – und ich lasse nicht zu, dass mir das passiert. Das kommt bei den Hunden an. Eine Biologin nannte das mal den »Gerd-Effekt«. Sie meinte damit, dass Hunde genau spüren, wenn ich besonders präsent bin. Sie nehmen jede Veränderung in meiner Haltung wahr, jedes noch so feine Signal. Es ist, als würden sie meine Ausstrahlung lesen, als könnten sie erkennen, wann meine Aufmerksamkeit sich schärft und mein Wesen sich in den Raum hinein ausdehnt. Die trauen mir zu, dass ich handele. Auch, wenn da mal ein Schlappen fliegt, das ist mir vollkommen egal.

Kopflose Gewalt am Tier ist aus meiner Sicht allerdings nie zu rechtfertigen. Und auch, wenn wir über Jahre im Hundezentrum die heftigsten Beißer aufgenommen haben, also wirklich Hunde, die keine Scheu hatten, dem Menschen Fleischstücke rauszureißen, habe ich nur ganz wenig selbstverteidigende Maßnahmen gebraucht. In den meisten Fällen ist es mir über das Einfühlen in den Hund und das Nachdenken darüber, was der Hund wirklich braucht, gelungen, einen Zugang zum Hund zu bekommen. Nicht über herrisches Verhalten oder rohe Gewalt. In vielen Hunden habe ich mich wiedererkannt.

Wem gebührt denn in der Regel Respekt: Den Gewalttätigen oder denen, die einen verstehen und gar nicht groß nachfragen? Die einen sehen, anlachen, ehrlich zuhören oder einfach nur da sind? Einen so nehmen, wie man ist. Auf der anderen Seite müssen wir als Mensch auch fähig sein, das Ruder zu übernehmen. Wenn der Mensch dem Hund nicht zeigt, dass er sich auch mal durchsetzen kann, wird der Hund ihm auch nicht abnehmen, dass er in Konfliktsituationen handlungsfähig ist. Viele Menschen kommen mir im Umgang mit ihren Hunden handlungsunfähig vor.

Hunde merken doch, ob ich nur jemand sein will oder ob ich es wirklich bin. Sie schauen hinter die Fassade und merken sofort, wenn man nicht ehrlich ist. Und Hunde haben kein Problem damit, zu hinterfragen. Aggression ist dabei ein völlig normales Mittel. Knurren, Bellen, Zähnefletschen, Fixieren, Angreifen, sich dann aber auch wieder rausnehmen aus solchen Situationen – zumindest, wenn sie es gelernt haben.

Und wenn einem alles zu viel wird und man aus dem Kopfkarussell, das durch andere Menschen, Hater im Internet, Adoptiveltern, Schule und Lehrer verursacht wird, nicht mehr herauskommt – was bleibt einem dann? Nur die Flucht. Man haut psychisch oder physisch ab. Und ihr merkt, es verschwimmt hier. Ich spreche von Menschen, aber auch von Hunden. Insbesondere von Straßenhunden.

Wenn es freilebenden Straßenhunden irgendwo gefällt und sie ihre Bedürfnisse dort befriedigt sehen, bleiben die meisten gebietstreu. Wer sich in den Kreisen von Tierschützern bewegt, dem werden Meldungen über entlaufene Hunde vertraut sein. Auf ausgehängten Flugblättern in Supermärkten oder an Straßenlaternen findet sich häufig der Hinweis: »Bitte den Hund nicht selbst einfangen, nur fotografieren und anrufen – er ist ängstlich.« Während dies durchaus auch auf einen Rassehund zutreffen kann, ist in vielen Fällen von ehemaligen Straßenhunden, Streunern oder, wie manche sagen, Importhunden die Rede. Vergleiche ich die gezeigten Fotos mit den Erinnerungen an jene Hunde, die ich in Bulgarien oder Rumänien gesehen habe, fallen die äußeren Merkmale als typisch ins Auge.

In der Anfangszeit ist es vielleicht noch nachvollziehbar, dass diese Hunde abhauen. Sie kommen von der Straße oder waren im Heim, kommen in neue Umstände, wo sie völlig überfordert sind. Wo die Menschen Nähe, die Hunde aber vielleicht Abstand wollen. Aber mit der Zeit sollte es sich fügen. Es sei denn, man ist einfach unglücklich. Übrigens: Es gibt auch Hunde, die Fernbeziehungen lieben – so ein Typ bin ich auch. Wen überrascht das schon.

Der Kreis schließt sich

»Zu viel Nähe. Das ist nicht meins.«

Mein Leben Revue passieren zu lassen und zu schauen, wo ich heute stehe, fühlt sich seltsam an. In geballter Form merke ich, mit welchen Nachwehen ich noch heute zu kämpfen habe. Der rote Faden zieht sich einfach bis jetzt durch. Ich denke zurück an meine Schulzeit, in der ich als störend und aggressiv galt, mir nicht viel gefallen ließ. Obwohl ich sehr sensibel war und immer noch bin. Mir haben Dinge oft leidgetan, worüber andere vielleicht hinwegsehen.

Im Grunde war mein ganzes Verhalten in der Kindheit ein einziger Hilfeschrei. Aber niemand konnte mir die Hilfe anbieten, die ich gebraucht hätte. In meiner Kindheit und Jugend habe ich sehr viele Psychologen kennengelernt, denn ich war ja ein auffälliges Kind. Es gab Strafen oder Minuspunkte. Mein Notendurchschnitt war denkbar schlecht – was bei einem auffälligen Kind wohl wenig verwundert. Zu Hause bestrafte mich mein Adoptivvater zusätzlich dafür. Ich interessiere mich einfach nicht für Mathe und tat mich schwer, Vokabeln zu lernen. Aber Bücher über Tiere, die habe ich verschlungen. Das ist bis heute so. Wenn es mich interessiert, dann haben meine Gedanken keine Schranken, dann fühle ich mich frei. Wenn es mir langweilig wird, dann werde ich störend.

Festtage, die andere Menschen mit Freude genießen, sind für mich heute nur schwer erträglich, da ich sie mit Momenten aus meiner Vergangenheit verknüpfe, in denen ich mich nicht wohlfühlte. Weihnachtslieder im Kreise der »Familie« singen, nachdem ich jahrelang schon auf der Straße lebte! Man hat mich hier einfach nicht gesehen. Man hatte mich zwar eingeladen, hatte aber absolut verquere Erwartungen an meinen Besuch. Ich folgte der Einladung selbstverständlich, um mal an gute Nahrung, ein leckeres Essen zu kommen. Aber Weihnachtslieder singen, das stand nicht wirklich auf meinem Plan. Höchstens das Silberbesteck hätte mich interessiert …

In den Originalpapieren über meine Kindheit fand ich im fortgeschrittenen Erwachsenenalter erste Antworten auf die Frage nach meiner Herkunft, meiner Geschichte. Vorher wusste ich nicht, wo ich eigentlich herkam und wer ich eigentlich war? Noch in meiner Zeit als Punk hatte ich bezeichnenderweise groß auf meiner Jacke geschrieben: »WER BIN ICH?« Genauso fragezeichenmäßig und hilflos lief ich lange durch die Welt. Als mir dann die Papiere in die Hände fielen, musste ich lange daran kauen. Sie haben mich sehr berührt.

Ich bin sehr froh, dass ich nach 48 Jahren den Kontakt zu meiner Schwester Bianca wiederhabe. Auch nach so vielen Jahren Pause fühlen wir uns sehr miteinander verbunden. Wie sollte es auch anders sein, haben wir doch trotz sehr unterschiedlichen Lebenswegen unseren Start ins Leben gemeinsam bestritten. Wir durchlebten die gleichen Gefühle als Geschwister, haben bis heute unser Päckchen zu tragen. Wir verstehen uns einfach.

Mein Bruder Andreas fuhr ja angeblich zur See und ist daraufhin verschollen. Er soll auch eine Bauchschuss gehabt haben. Ob er noch lebt oder daran verstarb, die ganze Geschichte überhaupt der Wahrheit entspricht, das weiß keiner von uns.

Rosco war für mich tatsächlich lange Zeit eine Stütze, so wie Hunde es oft für ihre Menschen sind. Er war für mich Mutter, Vater, Bruder und Beschützer zugleich. Er war meine Familie für viele Jahre. Als er mir weggenommen wurde, rutschte ich in eine richtige Depression. Das war wirklich sehr traumatisch und hat sehr viel kaputt gemacht. Das Ausmaß ist schwer nachvollziehbar für einen Außenstehenden.

Das, was mich geprägt hat, ist im Grunde immer noch alles da – wie in der Kindheit, wie auf der Straße: das Heimatlose, das Fliehen, das sich in meinen vielen Reisen ausdrückt. Ich bin damit noch nicht fertig, bin ruhelos geblieben. Nur mein Seelenheil habe ich, da herrscht inzwischen tiefe Ruhe. Dank der Verbindung zu Jesus. Nur der Gedanke ans Sterben, der macht mir noch furchtbare Angst. Insbesondere, wenn ich zu Hause sterben würde und alle wären da, um mich herum. Solche Gedanken kommen mir zuweilen.

In der Lutherbibel (1912) steht geschrieben: »Denn wir sind Fremdlinge und Gäste vor dir wie unsere Väter alle. Unser Leben auf Erden ist wie ein Schatten, und ist kein Aufhalten.«

Und so fühle ich mich auch. Meine Heimat ist bei Gott, hier bin ich Fremdling, ich bleibe nicht. Nie! Ich fühle mich deshalb nirgends wirklich zu Hause.

Doch macht mich das einsam? Ich bin gern allein – aber einsam nicht. Deshalb habe ich wahrscheinlich immer Hunde bei mir, weil oder auch obwohl ich sie so sehr liebe. Ein Kynologe antwortete mal auf die Frage, warum er selbst keine Hunde habe: »Weil ich sie liebe.« Eine gute Antwort.

Das Hundezentrum Mittelfranken und meine Familie werde ich nie im Stich lassen. Aber ich merke, auch die Hundetrainerwelt und die Hundeszene verändern sich. Immer höher, schneller, weiter soll es sein. Früher war noch Zeit für ein Schwätzchen, man hat auch mal am Lagerfeuer zusammengesessen. Jetzt ist es leider ein knallhartes Geschäft geworden. Und auch, wenn es mir so nicht schmeckt, muss ich das wohl einfach akzeptieren.

Wir wollen, dass Elija, mein Sohn, das Hundezentrum weiterführen kann. Als Juniorchef habe ich ihm viel Verantwortung übergeben. Und das weiß er auch zu schätzen. Wahrscheinlich weiß er viele Dinge inzwischen besser als ich, so ist der Lauf der Dinge.

Alischa mag Hunde sehr, sie ist ja ebenfalls mit ihnen aufgewachsen. Nur sie hat kein Interesse, mit ihnen zu arbeiten. Sie möchte sie streicheln und liebhaben, mehr nicht. Aber auch sie hat eine Begabung, mit ängstlichen und aggressiven Hunden umzugehen. Aber sie möchte es gar nicht. Sie arbeitet lieber mit auffälligen Menschen in der Psychiatrie.

Meine Adoptivmutter Gisela hat sich wirklich immer um mich gekümmert, dafür bin ich ihr so sehr dankbar, wobei sie wahnsinnige Schwierigkeiten mit mir hatte. Wahnsinnige! Ja, logisch, ich war ein Freigeist, nicht leicht. Es gab einige Wunden in meinem Leben, die mich schwierig gemacht haben. Ich war gefährlich, unberechenbar, kalt, habe mich manchmal selbst gehasst und nicht verstanden, warum ich Menschen immer wieder enttäusche und verletze. Ich muss wirklich hervorheben, dass sie mich nie aufgegeben hat. Bei allem, was war. Und selbst wenn ihre Eltern mich nicht akzeptierten, war sie es, die dennoch in mein Innerstes blickte und den sensiblen Charakter in mir erkannte.

Wenn man sich ein Kind oder einen Hund aus dem Heim oder der Gosse geholt hat, dann wünscht man sich insgeheim sicherlich, dass es einfach so läuft. Man erhofft sich vielleicht auch ein wenig Dankbarkeit. Man möchte, dass sich dieses adoptierte Wesen so verhält, dass es einem selbst auch guttut. Doch wie kann ein Hund geben, wie kann ein Kind geben? Sie sind doch selbst in hohem Maß bedürftig.

Mein Adoptivvater musste bei seinen Eltern immer funktionieren, seine Ehe war ein Scherbenhaufen, er hatte einfach ein Kackleben. Das dachte ich damals schon und hatte bei all den Gewalterfahrungen auch Mitleid mit ihm. Ich glaube, ihm hat was gefehlt. Ich schätze, es waren ebenfalls Liebe und Anerkennung. Wir waren wie er; er war wie wir.

Meinem Adoptivvater vergebe ich, nicht nur mit diesen Zeilen, sondern aus tiefstem Herzen.

In seiner Gefühlswelt war er wohl ein Stück wie wir, es äußerte sich nur anders. Familienleben klingt immer so rosig, ein Hund in einer Familie auch. Wie ein Werbespruch aus den 70ern: Hund macht die Familie gut! Aber wenn der Hund nicht dankbar ist oder Auffälligkeiten hat, wenn er genetisch bedingt oder durch schlechte Erfahrungen nicht so ist, wie man ihn sich gewünscht hat? Wie ist es dann wohl für einen Hund, wenn er keine Liebe und Anerkennung bekommt?

Wenn schon ich mich noch heute auf der Straße zum Teil geborgener fühle, weil es für mich ein Stück Heimat ist und ich damit so viele positive Dinge verknüpfe, die ich in der zivilisierten Gesellschaft nicht mehr ausleben kann, wie soll es dann den ganzen Hunden gehen, die frei auf der Straße leben und ihr Leben dann gegen ein zivilisiertes, nicht mehr selbstbestimmtes und unfreies eintauschen?

Hunde und Katzen können verwildern. Ich behaupte oder besser noch: weiß, bei Menschen gibt es das auch. Ich sehe es ja an mir. Ich bin verwildert auf eine bestimmte Weise. Die Straße lässt mich nie wirklich los.

Einer der schönsten Orte der Welt ist für mich der Sankt-Anna-See in Rumänien. Als im Jahr 2024 meine enge und langjährige Freundin Sabrina verstarb, die über jede Menge Bauchgefühl und Beobachtungsgabe verfügte und ein Gewinn für die Hundewelt war, habe ich symbolisch ein Samenkorn für sie an diesem Ort in den Boden gesetzt, damit ein Teil der Erinnerung an sie im Irdischen bleibt. Dieses Samenkorn steht für ganz vieles zugleich. Es muss letztendlich sterben, um neu aufzugehen. Und dann entsteht eine wunderschöne Pflanze daraus.

Ich möchte Mensch und Tier gleichermaßen wertschätzen, denn ich habe die Parallelen in unseren Lebenswelten erkannt. Dies habe ich versucht, zu beschreiben. Wir sind so nah beieinander. Ich hoffe, dieses Gefühl konnte ich transportieren. Das

Leben gibt uns gewisse Rahmenbedingungen vor, die wir nicht ändern können. Doch was wir beeinflussen können, ist unsere Haltung – unser Mitgefühl, unser Blick auf die Natur und die Schöpfung als Ganzes. Indem wir diese bewusst wahrnehmen und wertschätzen, können wir einen besseren Weg erkennen und ihn mit Überzeugung gehen.

»Das Schlimmste, was einem passieren kann, ist nicht, wie häufig geglaubt, die Gefangenschaft. Sondern die totale Kontrolle über die Entfaltung der Persönlichkeit. Diese nicht gesehene Bedrängnis erzeugt eine große Not.«

Zitatnachweise:
Songtext Böhse Onkelz: Bin ich nur glücklich, wenn es schmerzt © Stephan Weidner 1998. Alle Rechte vorbehalten.

Auszüge aus den Akten des Kinderheims Stapf, Verwendung durch Gerd Schuster erlaubt.